Ulrich E. Stempel

Photovoltaik-Solaranlagen

FRANZIS
DO IT YOURSELF

IM HAUS BAND **16**

Ulrich E. Stempel

Photovoltaik-Solaranlagen

für Alt- und Neubauten selbst planen und installieren

Leicht gemacht, Geld und Ärger gespart!

Mit 120 farbigen Abbildungen

Bibliografische Information der Deutschen Bibliothek

Die Deutsche Bibliothek verzeichnet diese Publikation in der Deutschen Nationalbibliografie;
detaillierte Daten sind im Internet über **http://dnb.ddb.de** abrufbar.

Satz: DTP-Satz A. Kugge, München
art & design: www.ideehoch2.de
Druck: Legoprint S.p.A., Lavis (Italia)
Printed in Italy

ISBN 978-3-7723-**4288-2**

Vorwort

Ich schaue aus dem Fenster, bis eben habe ich noch am Computer gearbeitet. Es ist Nacht und draußen ist es stockdunkel, so dunkel wie schon lange nicht mehr. Nicht einmal die Straßenlaternen brennen, und auch bei meinen Nachbarn sind alle Fenster dunkel. Da höre ich im Radio: „Aufgrund der Abschaltung einer Überlandleitung ist in halb Europa der Strom ausgefallen."

Dieser Fall ist zwar zum Glück eher selten und eigentlich auch nicht das Argument Nr. 1 für eine Photovoltaikanlage auf dem Dach. Eher noch die Möglichkeit, mit dieser Technik Geld zu verdienen und gleichzeitig etwas für unsere Umwelt zu tun. Und trotzdem ist es ein gutes Gefühl, ein Stück weit autark zu sein.

Liebe Leserin, lieber Leser, natürlich tun wir mit einer Solaranlage Gutes für uns und unsere Umwelt, langfristig verdienen wir damit Geld, aber das Besondere ist: Eine Solaranlage zu betreiben und damit Stromlieferant zu sein, macht viel gute Laune!

Dieses Buch handelt von Photovoltaikanlagen, wie sie funktionieren und was Sie selbst zum Bau Ihrer eigenen Solaranlage beitragen können.

Viel Erfolg bei Ihrer eigenen Solaranlage wünscht Ihnen

Ulrich E. Stempel

Danksagung
Dank gebührt allen Mitstreitern für eine lebenswerte Zukunft. Namentlich möchte ich mich bei meiner Partnerin Antje Heußner für Ihre Unterstützung und bei meinem Verlag für das Vertrauen in meine Arbeit bedanken.

Wichtiger Hinweis

Beachten Sie bitte bei all Ihren Arbeiten die Unfallverhütungsvorschriften (Arbeitssicherheit auf Dächern)!

Inhaltsverzeichnis

Inhaltsverzeichnis

7

1 Planung der Solaranlage und Grundsätzliches

1.1 Sonnenenergie, eine kostenlose Energiequelle

Die Sonne liefert in Deutschland im Jahresdurchschnitt auf einen Quadratmeter ungefähr 1000 kWh Energie – das entspricht dem Energieinhalt von rund 100 Litern Heizöl oder 100 Kubikmetern Erdgas. Wie viel Energie daraus genutzt werden kann, hängt bei Solaranlagen auch von der verwendeten Technik ab. Außerdem beeinflussen die Anlagendimensionierung und die Ausrichtung der Solaranlage zur Sonne den Ertrag. Damit die Solarenergie wirtschaftlich genutzt werden kann, sollten außerdem die Anlagenkomponenten sinnvoll dimensioniert und gut aufeinander abgestimmt werden.

Steigende Energiepreise machen Solaranlagen jetzt und in Zukunft immer sinnvoller. Die Sonne stellt keine Rechnung! Je eher Sie Ihre Solaranlage realisieren, desto mehr Energie können Sie von der Sonne ernten und damit Geld verdienen. Die Zeit drängt auch deshalb, da die durch das EEG garantierte Einspeisevergütung jährlich um 5 % geringer wird. Der Einspeisesatz wird bei der Fertigstellung der PV-Anlage festgeschrieben und gilt dann für 20 Jahre (mehr dazu weiter unten).

1.2 Sinn und Nutzen von Solaranlagen

Neben der Nutzung der Einsparpotenziale beim Energieverbrauch kann die Sonne als Energiequelle eine der wichtigsten Zukunftsperspektiven für unsere Energieversorgung werden. Die Vorräte an fossilen Quellen werden früher oder später aufgebraucht sein. Die Langzeitgefahren der Atomkraft sind immens und die Kernfusionstechnologie ist bisher praktisch nicht realisierbar.

Die Sonne sendet uns genug Energie auf die Erde und zwar direkt an unsere Haustüre (bzw. auf das Hausdach). Mit einer Solaranlage können Sie einen Teil dieser Energie nutzen.

Wenn ich hier den Begriff „Solaranlage" verwende, so meine ich die beiden Systeme Photovoltaik und Thermik.

Elektrischer Strom ist ein wichtiger Bestandteil unseres Alltags geworden und nicht mehr wegzudenken. Die meisten Geräte wären ohne den Strom aus der Steckdose nicht betriebsfähig und wie wir schon erlebt haben, ist unser Lebensalltag bei Stromausfällen völlig gestört.

Aufgrund des EEG (Energieeinspeisegesetz) und der damit garantierten Stromvergütung entscheiden sich immer mehr Menschen, sich an PV-Anlagen (Photovoltaikanlagen) in Form von Bürgersolaranlagen zu beteiligen oder auf ihrem eigenen Hausdach eine PV-Anlage zu installieren.

Die Laufzeiten bis zur Amortisation sind so ausgelegt, dass sich die PV-Anlage unter normalen Umständen in etwa 10 bis 15 Jahren durch den ins Netz eingespeisten Strom selbst finanziert hat.

Und dies geräuschlos, emissionsfrei und ohne belastende Rückstände.

Durch Eigenleistungen, z. B. bei der Montage, können Sie die Amortisationszeit und damit die Wirtschaftlichkeit der Anlage noch weiter verbessern.

Gut geplante und funktionstüchtige PV-Anlagen leisten einen bedeutenden Beitrag zur Reduktion von Schadstoffemissionen, insbesondere von Kohlendioxid (CO_2), das bei der Verbrennung fossiler Energieträger entsteht. Das CO_2 verstärkt den „Treibhauseffekt" und verändert damit das Weltklima. Verwendung von Solarenergie kann somit entscheidend helfen, die Emissionen dieses „Klimagases" zu senken und damit auch unsere Umwelt zu erhalten und wieder zu verbessern.

Je nach Zellentyp hat die PV-Anlage die Nebenwirkungen, die bei der Herstellung entstanden sind, innerhalb von einem bis max. fünf Jahren wieder wettgemacht. Im Betrieb fallen keine weiteren Schadstoffe an. Sollte die Anlage irgendwann ausgedient haben, so kann z. B. das wertvolle Silizium wiederverwendet werden.

Photovoltaik

Sonnenenergie wird mit Hilfe von Solarmodulen in elektrischen Strom umgewandelt, welcher entweder in das öffentliche Netz eingespeist wird (Netzparallelbetrieb) oder, bei einer Inselanlage, direkt im Haushalt verbraucht wird.

Photothermie oder Thermie

Die Solarstrahlung (Wärmestrahlung) wird mit Hilfe von Kollektoren als absorbierte Strahlung gesammelt und dem Haushalt, z. B. als Warmwasser, zur Verfügung gestellt.

Die thermischen Solaranlagen können sowohl zur Brauchwasserwärmung als auch zur Raumheizung und zur Kühlung (Klimaanlagen) herangezogen werden.

Hinweis

Eine PV-Anlage mit einer Leistung von 1 kWpeak und einer Solarmodul-Fläche von ca. 10 m² bringt im Durchschnitt pro Jahr ca. 10.000 kWh elektrischer Energie und spart damit über eine halbe Tonne CO_2 (Schadstoffe) ein.

1.3　Solarenergie im Altbau

Viele glauben, dass sich Solaranlagen nur in Neubauten besonders gut integrieren lassen, weil sie von Anfang an zusammen mit dem Gebäude geplant werden können. Das sehe ich anders!

Dieses Buch zeigt Ihnen deshalb Wege auf, wie eine Solaranlage gut bei bestehenden Gebäuden installiert werden kann.

Ein wichtiger Grund für mich, das Thema „Sanierung von Altbauten und bestehenden Häusern" in den Vordergrund zu stellen, ist, dass die Dachflächen bestehender Gebäude ein enormes Potenzial an Flächen für Solaranlagen darstellen. Die Nutzung von regenerativen Energien wie Solarenergie ist eine sinnvolle Investition und zeitgemäße Ergänzung neben baulichen Energiesparmaßnahmen wie Wärmedämmung, Einbau von Fenstern mit gutem K-Wert und einer effektiven Heizungsanlage.

Mit dem Begriff „Altbau" sind hier alle bestehenden Häuser gemeint. Der Architekt spricht bei Altbaumaßnahmen von „Sanieren im Bestand".

Steht die Sanierung eines Gebäudes an, sind Überlegungen zur Realisierung von Solaranlagen un-bedingt mit einzubeziehen. Dabei ergeben sich Kosteneinsparungen durch Nutzung und Kombinationen der bereits vorhandenen Sanierungsstrukturen. Einsparungen ergeben sich z. B. dann, wenn das Dach komplett neu gedeckt werden muss und die Solaranlage so installiert wird, dass dadurch weniger Dachziegel benötigt werden. Oder das für andere Arbeiten (wie z. B. für die Fassadensanierung) aufgestellte Gerüst kann für die Installation der Solaranlage mitgenutzt werden.

Info

Natürlich lassen sich die Informationen, die Sie im Buch finden, genauso gut auch für Neubauten sinnvoll nutzen.

Abb. 1 – Photovoltaik im Altbau.

1.4 Voraussetzungen für die Solaranlage

Nachdem Sie nun einen Teil dieses Buches gelesen haben, werden Sie sicher schon ein paar Mal prüfend auf Ihr Dach geschaut haben, wo denn da eine Solaranlage montiert werden könnte.

Zunächst einmal sind die Grundvoraussetzungen für den Standort und die Montage des Solargenerators zu prüfen.

Ist Ihr Dach denn überhaupt für eine Solaranlage geeignet?

Brauchen Sie für Ihre Solaranlage vielleicht sogar eine Genehmigung?

Und dann gibt es auch noch einige technische Rahmenbedingungen, die die Leistungsfähigkeit Ihrer Solaranlage beeinflussen können.

Vorüberlegungen, Anlagenplanung

Es ist sinnvoll, Ihr Projekt „PV-Anlage" gut vorzubereiten und im Voraus einige Fragen zu klären, wie zum Beispiel:

- Wahl der Dachfläche: Wo soll die PV-Anlage montiert werden (siehe auch Kapitel „Voraussetzungen")?
- Gibt es optische Zusatzüberlegungen?
- Für welche Anlagenleistung reicht der Platz? Ermittlung der Anlagengröße und Investitionshöhe.
- Welche Eigenleistungen sind möglich?
- Vergleichende Angebote für Material und/oder komplette Anlagenmontage einholen.
- Dem zuständigen Energieversorgungsunternehmen mitteilen, dass Sie vorhaben, Strom aus einer PV-Anlage einzuspeisen.

Und es stellt sich die Frage nach der Wirtschaftlichkeit und den Finanzierungsmöglichkeiten.

Finanzierung

- Wirtschaftlichkeitsberechnung, Investition und Ertrag.
- Sinnvolles und tragbares Verhältnis von Eigenkapital und Fremdkapital.
- Prüfen der Konditionen eines eventuell erforderlichen Kredites, Anfragen bei der Umweltbank oder der Hausbank.
- Kreditantrag stellen.

1.5 Bedarfsermittlung

Zuerst einmal sollten Sie das Platzangebot auf dem Dach und damit die mögliche Leistung der PV-Anlage ermitteln. In Abb. 2 finden Sie eine Tabelle mit überschlägigen Werten („über den Daumen gerechnet") zum Flächenbedarf der Module und der daraus resultierenden Leistungsabgabe.

Die Leistung ergibt sich aus dem Zellenwirkungsgrad der Module und aus der Anzahl der Module bzw. der Strings (mehrere Solarmodule in Reihenschaltung, zusammengefasst).

In der Tabelle in Abb. 2 finden Sie die überschlägigen Werte bezogen auf 1 kWpeak Anlagenleistung.

Die Größe der Photovoltaikanlage wird sich meistens nach der vorhandenen und für die Solaranlage nutzbaren Dachfläche und nach Ihren Finanzierungsabsichten und -möglichkeiten richten, da der Strom beim Netzparallelbetrieb verkauft wird. Bei Inselanlagen hingegen richtet sich die Größe der Solaranlage nach dem eigenen, erforderlichen Energiebedarf.

Mein Hinweis

peak bedeutet die Spitzenleistung des Solarmoduls unter vorgeschriebenen Bedingungen wie 1000 W/m² Einstrahlung und 25 °C Zellen-Temperatur. In der Praxis werden diese Werte in Deutschland nur selten erreicht.

Mein Tipp

Je größer die Solaranlage, desto günstiger sind meist der Investitionsaufwand und die Dividende (siehe Wirtschaftlichkeit) pro kWpeak.

Berechnungen und Simulationsprogramme

Die auf dem Markt angebotenen Berechnungsprogramme (z. B. der Wechselrichterfirmen) sind gut nutzbar. Die Programme können Sie meist frei downloaden und auf Ihrem Computer installieren. Je nach Anlagengröße (in kWpeak) sind die Komponenten wie Module und Wechselrichter z. B. aus der angehängten Bibliothek herunterzuladen und die Bedingungen, wie zum Beispiel die Dachausrichtung, die Leitungsentfernungen von Solargenerator, Wechselrichter und Einspeisezähler, einzugeben. Das Programm gibt Ihnen eine Projektierung an die Hand und weist Sie auf mögliche Probleme der Anlagenkonfiguration hin. Sie finden ein Projektierungsbeispiel, erstellt mit einer Simulationssoftware und Internetadressen im Anhang.

Platz für Wechselrichter
Der bzw. die Wechselrichter sollten, wenn möglich, in der Nähe des Sicherungskasten bzw. des Zählerschranks montiert werden. Der Standort sollte nicht zu warm sein, also z. B. nicht direkter Sonnen-

Leistung in kWpeak	Zellenart	Flachdach, Dachfläche in m²	Schrägdach, 40° Dachfläche in m²
1	Mono-/Polykristalline Zellen	30	10
1	Amorphe Zellen	60	20

Abb. 2 – Dachflächen und Leistung, grobe Anhaltswerte für 1 kWpeak (über den Daumen). Beispiel: Sie haben ein Schrägdach mit 60 m². Nach Abzug für die Randbereiche usw. verbleiben ca. 50 m². Mit Modulen (ausgestattet mit monokristallinen Zellen) können Sie eine PV-Anlage mit 5 kWpeak vorsehen.

1.5 Bedarfsermittlung

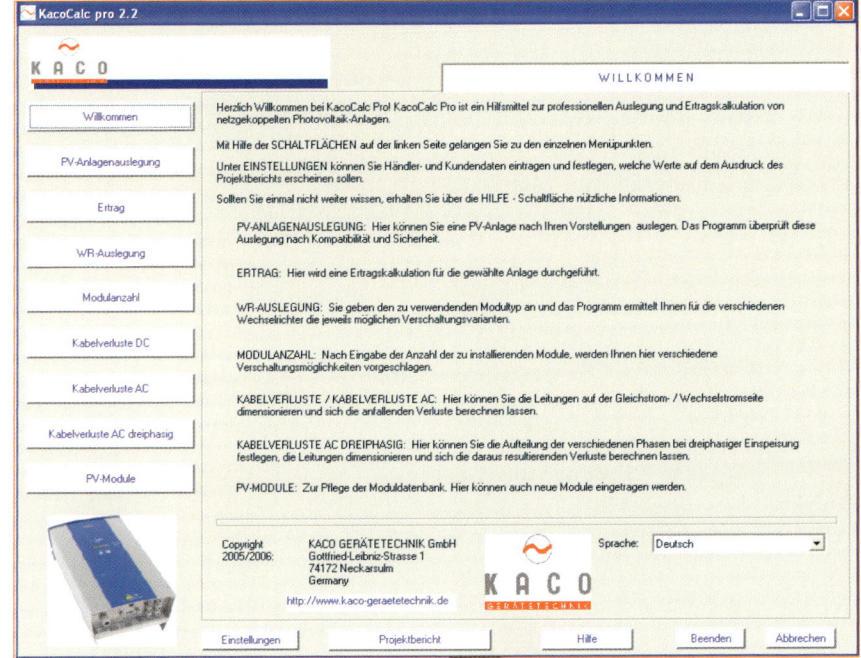

strahlung ausgesetzt sein oder direkt unter einem Dach montiert werden, das sich im Sommer stark aufheizen kann. Eine erhöhte Umgebungstemperatur sowie die Montage der Wechselrichter in schlecht belüfteten, warmen Räumen können den Ertrag der PV-Anlage mindern.

Mögliche, sinnvolle Montagestandorte sind: Im Keller, im Treppenhaus, in der Waschküche, an einer schattigen Außenwand, z. B. Ostseite (regengeschützt) oder an einem kühlen Platz auf oder in der Nähe des Daches, wo die Solarmodule installiert sind.

Abb. 3 – Simulationsprogramm zur Anlagenplanung, kostenlos heruntergeladen und installiert. Quelle (6)

Mein Tipp

Soll sich der Wechselrichter im Außenbereich befinden, so ist die Schutzart IP 65 nach DIN EN 60529 vorzusehen.

Abb. 4 – Wechselrichter an einer Außenwand montiert. Zur Sicherung gegen Unbefugte wurden sie in einem Gittergehäuse untergebracht. Ein Teil der Verwahrung ist für das Foto abgenommen, damit Sie die Wechselrichter sehen können.

1.5 Bedarfsermittlung

Die Abmessungen des Wechselrichters sind natürlich systemabhängig. Jedoch sollte für einen Wechselrichter mindestens eine Wandfläche von 0,7 m x 0,7 m verfügbar sein, für mehrere Wechselrichter entsprechend mehr, wobei bei größeren Photovoltaikanlagen mehrere Strings an einem großen Wechselrichter zusammengefasst werden können (siehe auch Wechselrichter). Die systembedingten Mindest-

Abb. 5 – Zusätzlicher Sicherungskasten mit montiertem Einspeisezähler. Rechts oben können Sie die Box für die Fernüberwachung erkennen.

Hinweis

Der Leitungsanschluss eines oder mehrerer Wechselrichter an den Einspeisezähler und der Anschluss des Einspeisezählers an das öffentliche Stromnetz dürfen nur von einem autorisierten Fachmann durchgeführt werden!

abstände der Wechselrichter untereinander und zu anderen Einbauten sind zu beachten.

Der Einspeisezähler kann in einem vorhandenen Sicherungskasten angebracht werden, z. B. neben dem Stromzähler. Ist dort kein ausreichender Platz, so muss ein weiterer Sicherungskasten gesetzt werden.

Benötigt man eine Genehmigung?

Ich kann Sie beruhigen, Solaranlagen sind in der Regel genehmigungsfrei.

Natürlich gibt es Sonderfälle. Zum Beispiel, wenn ein Gebäude unter Denkmalschutz steht oder wenn Form und Neigung der Solaranlage extrem von der Dachform des Gebäudes abweichen.

Im Zweifel informieren Sie sich und/oder sprechen Sie vorab mit dem für Sie zuständigen Bauamt.

Abb. 6 – Solarfassade, Module an einer Fassade. Quelle (7)

Gibt es partout keine Möglichkeit, die Solaranlage auf dem Dach des Wohnhauses anzubringen, bleiben evtl. noch vorhandene Nebendächer oder die Fassade.

Die Module können z. B. als Teil der Außenhülle der Fassade verwendet werden und schützen so gleichzeitig das dahinter liegende Mauerwerk. Natürlich ist der Energieertrag geringer als bei einer optimalen Ausrichtung der Module, aber so eine Solarfassade hat nicht jeder und die Einspeisevergütung für Fassaden ist höher.

Dachausrichtung, Dachneigung und mögliche Schattenwürfe

Lage (Standort) und Ausrichtung des Daches
Die durchschnittliche „solare Energiedichte" ist abhängig vom geografischen Breitengrad Ihres Anwesens. Sie können die Globalstrahlung (einfallende Sonnenstrahlung auf einer waagrechten Fläche) aus der Karte in Abb. 7 ersehen. Der deutsche Wetterdienst zeichnet schon über viele Jahre die Wetterdaten auf und stellt sie in aufberei-

teter Form gegen eine geringe Gebühr (z. B. im Internet zum Herunterladen) zur Verfügung. Somit ist es auch für Sie möglich, für jeden zurückliegenden Monat eines Jahres die Daten abzufragen und für Ihre örtliche Lage zu überprüfen. Möglicherweise gibt es auch in Ihrer Nachbarschaft Betreiber von Solaranlagen, die Ihnen sicher gerne Auskünfte zu ihren Erfahrungen und den Erträgen in „dieser Gegend" geben werden.

Die Werte der ortsabhängigen solaren Einstrahlung sind für den Ertrag und für die Wirtschaftlichkeit ein wichtiger Gesichtspunkt. Außerdem ist zu prüfen, ob die Dachausrichtung günstig ist und der bauliche Zustand des Daches genügt

Optimal wäre eine hundertprozentige Ausrichtung des Daches nach Süden. Kleinere Abweichungen nach Osten oder Westen sind aber unwesentlich.

Ist das Dach um 45° nach Osten oder Westen gewandt, so können Sie immer noch mit ca. 95 % des Energieertrages rechnen.

Von der Montage einer Anlage auf Satteldächern mit West-Ost-Ausrichtung (90° Abweichung zur Südrichtung) ist dagegen eher abzuraten. Bei dieser Situation kann nur noch mit 70 bis 85 % des Ertrages gerechnet werden.

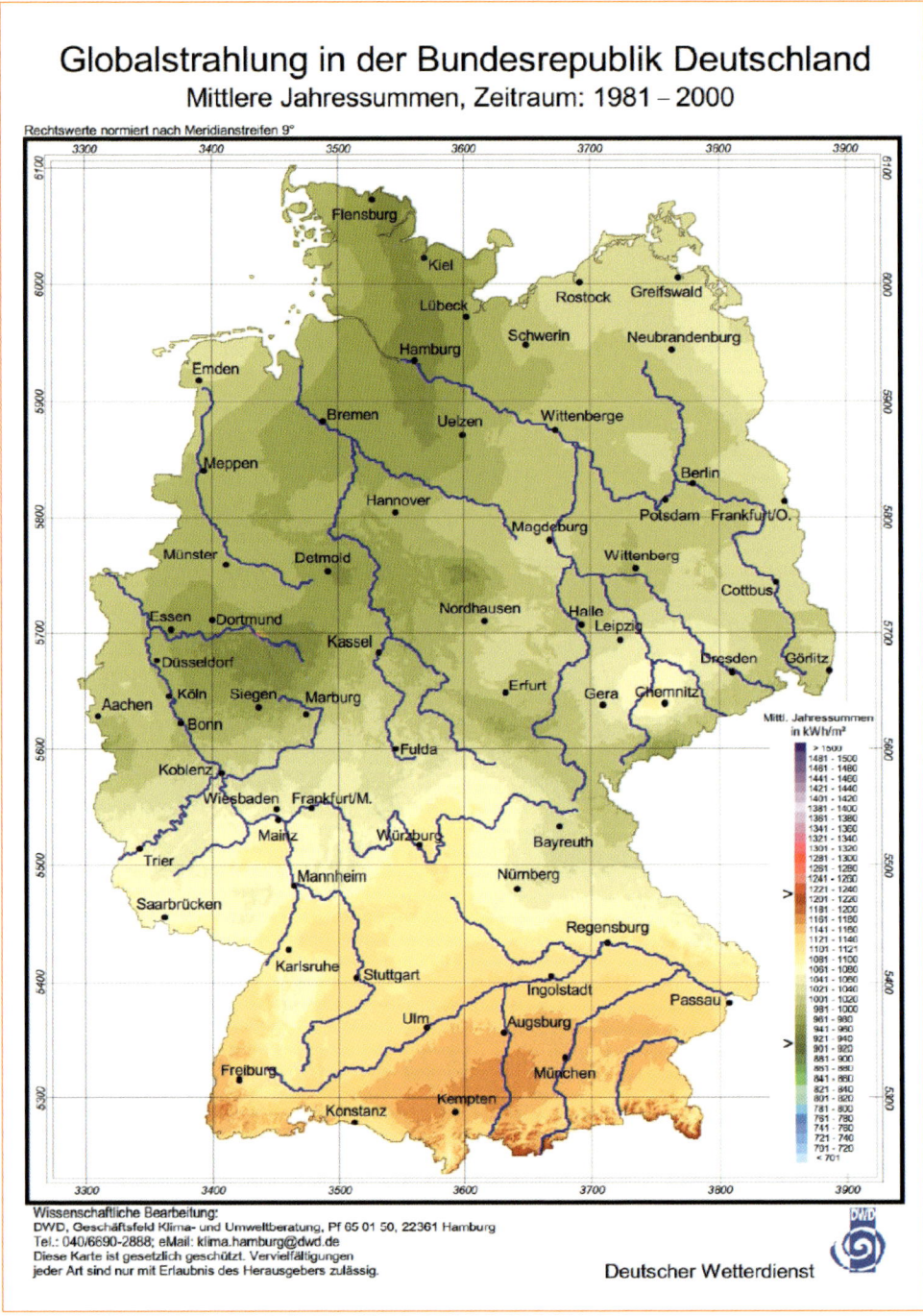

Abb. 7 – Globalstrahlung, mittlere Jahreswerte im Zeitraum 1981 bis 2000. Sonnenstrahlung/Sonnenenergie pro Jahr und m² auf eine waagrechte Fläche. Je nach Lage in Deutschland von ca. 930 kWh/m² bis zu 1200 kWh/m². Quelle (1)

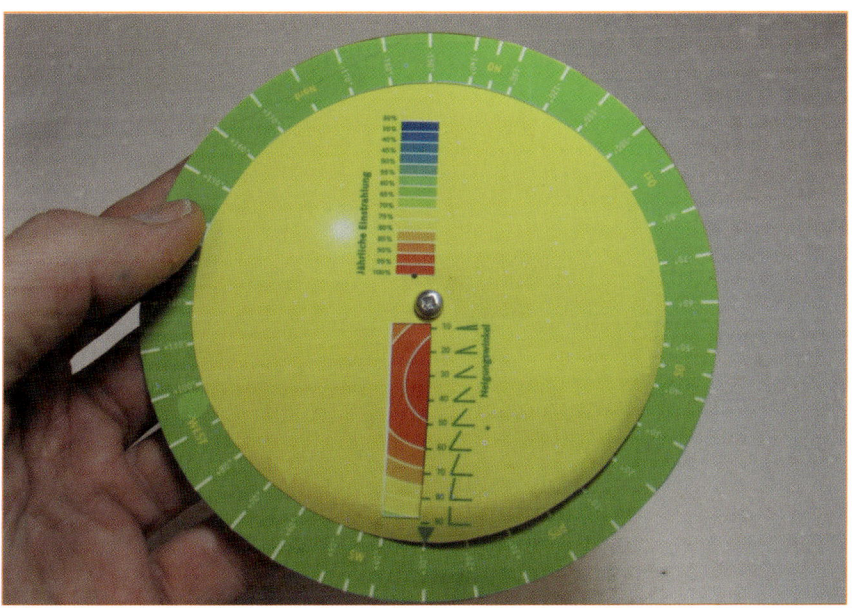

Abb. 8 – Mit der Einstrahlungsscheibe können Sie bequem den Energieertrag Ihres Daches ermitteln.

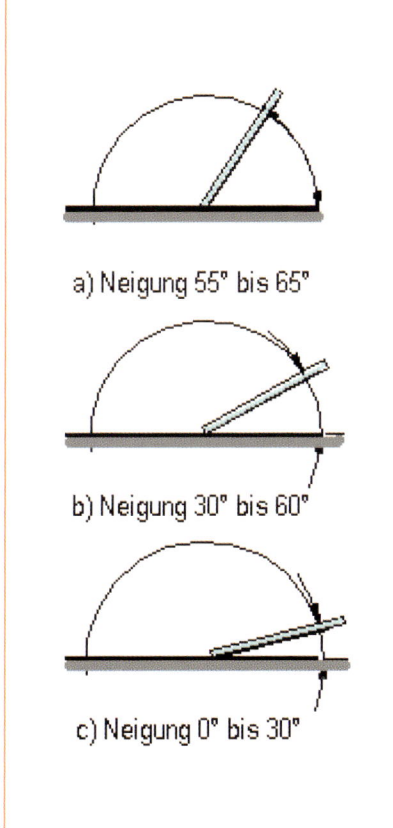

Abb. 9 – Unterschiedliche Nutzung entsprechend dem Dachwinkel und der Jahreszeit: **a)** Süddächer mit einer Neigung von 55° bis 65° bieten eine bestmögliche Nutzung während des Winters. **b)** Dächer mit einem Neigungswinkel von 30° bis 60° nach Süden bieten optimale Erträge während der Übergangszeiten. **c)** Süddächer mit einem Winkel von 0° bis 30° sind für die Nutzung der Sommersonne gut geeignet und bringen bei Diffusstrahlung die größten Erträge.

Den für Ihre Situation überschlägigen prozentualen Energieertrag können Sie mit einer Einstrahlungsscheibe bequem selbst ermitteln. Die dazu erforderlichen Vorlagen finden Sie als Bastelbogen im Anhang des Buches.

Neigung des Daches, Flachdach
Bei einem Neubau besteht meist noch die Möglichkeit, das Dach passend für die Solaranlage zu optimieren. Bei einem vorhandenen Gebäude geht das nur, wenn größere Umbaumaßnahmen vorgese-

hen sind. Ansonsten muss man sich mit dem begnügen, was da ist.

Die Dachneigung beeinflusst in verschiedener Hinsicht den Energieertrag. Auch hier können Sie die Einstrahlungsscheibe zu Hilfe nehmen. Bei einer optimalen Ausrichtung nach Süden liegt der optimale Winkel laut Scheibe bei 30°. Bei einer gradgenauen Ausrichtung des Daches nach Osten oder Westen ist der Energieertrag laut Scheibe 90 %, bei einer Dachneigung von 0° bis 30° und bei einer Dachneigung von 30° bis 45° tendenziell nur noch 85 %.

1.5 Bedarfsermittlung

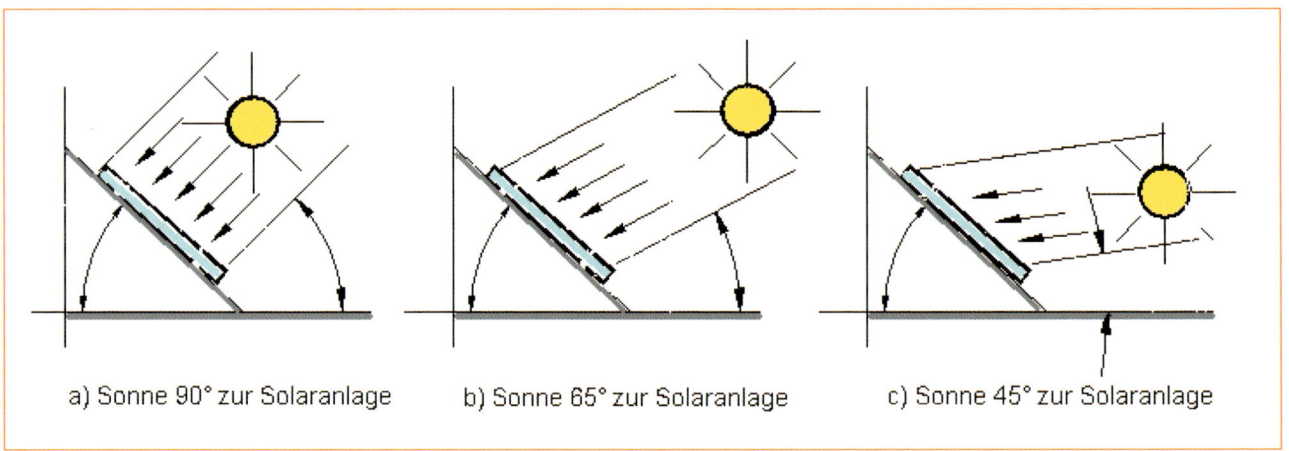

a) Sonne 90° zur Solaranlage   b) Sonne 65° zur Solaranlage   c) Sonne 45° zur Solaranlage

Abb. 10 – Stand der Sonne zur Solaranlage **a)** optimal, es erreichen mehr Strahlen, in der Zeichnung dargestellt durch die Anzahl der Pfeile, die Modulfläche; **b)** Sonne mit Winkel von 60° zur Solaranlage und weniger Strahlen pro Fläche; **c)** Sonne mit Winkel von 45° zur Solaranlage. Dies erleben wir sowohl mit der Tageszeit als auch mit der Jahreszeit. **a)** entspricht der Mittagszeit und mehr dem Sommer, **b)** mehr morgens und abends und dem Winter.

Die auf der Scheibe angegebenen Werte sind darauf gegründet, dass der Energieertrag optimal über das Jahr erfolgt. Dies ist bei einer Photovoltaikanlage, die in das öffentliche Netz einspeist, entscheidend. Bei einer Inselanlage wird im Winter mehr Energie gebraucht, daher sind die Module, sofern möglich, besser steiler aufzustellen (siehe auch Abb. 9 b). Bei einer thermischen Solaranlage gibt es auch andere Schwerpunkte. Die Wärme-Energie wird hauptsächlich in den Übergangszeiten und im Winter benötigt. Auch hier ist ein steilerer Montagewinkel besser.

Ein weiterer wichtiger Aspekt, der für eine ausreichende Neigung (Schrägstellung) spricht, ist die Selbstreinigung durch den Regen und das Abgleiten des Schnees. Unter 15° bis 20° Neigung kommt es zu verstärkten Schmutzablagerungen und der Schnee bleibt länger auf den Modulen liegen.

Hat Ihr Haus ein Flachdach, so gibt es einige gute Möglichkeiten, gerade für Sie als Selbstbauer, die Solar-

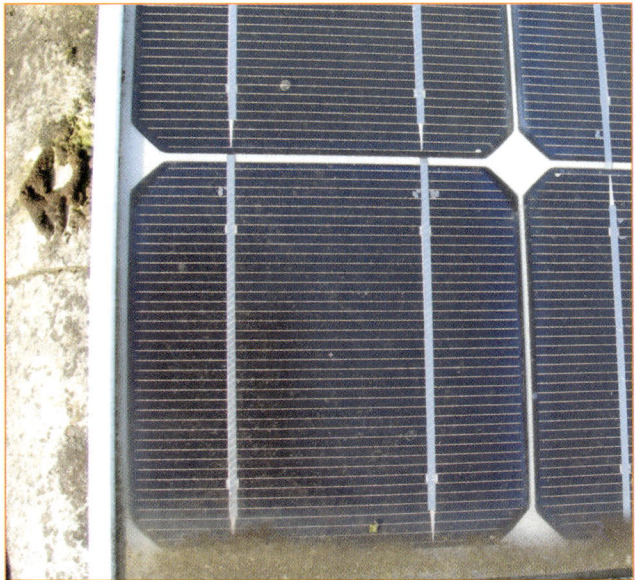

Abb. 11 – Verschmutzung einer Solaranlage (Photovoltaikmodul) durch ungenügende Neigung (12°).

anlage dort aufzubauen. Je nach Flachdachdichtung – in der Regel handelt es sich um eine bituminöse Abdichtung mit Kiesabdeckung – gibt es gute Lösungen. Wichtig ist auch hier, den Zustand der Dachdichtung und die Belastbarkeit des Daches vorab zu prüfen. Sind diese in Ordnung, so ist die einfachste Möglichkeit eine entsprechend konfektionierte Wanne (siehe Abb. 12), die mit dem auf dem Dach vorhandenen Kies gefüllt wird und damit als Beschwerung dient. Darauf wird dann das Untergestell der Solaranlage montiert. Keinesfalls darf an irgendeiner Stelle die Dachdichtung verletzt werden (z. B. durch Bohren). Auch sollten die Leitungen nicht durch das Dach geführt werden (außer wenn es dafür bereits eine Dachdurchdringung wie z. B. einen stillgelegten Kamin oder ein Lüftungsrohr gibt). Eine weitere Möglichkeit für die Unterkonstruktion ist die Verwendung von alten Betonplatten, auf die dann das Untergestell aufgedübelt werden kann. Zwischen Dachdichtung und Wanne bzw. Betonplatten sollten Sie ein dickes Glasfaservlies mit ca. 300 g/m² oder eine Gummischutzmatte legen, diese schützt vor einer mechanischen Verletzung der Dachhaut!

Beschattungen
Die Beobachtung der Schattenwürfe ist durch den laufenden Positionswechsel der Sonne (von der Erde aus gesehen) im Tages- und Jahreslauf recht schwierig. Die scheinbare Bewegung der Sonne entsteht durch die

Abb. 12 – Wanne für Flachdachmontage (Kieswanne). Quelle (5)

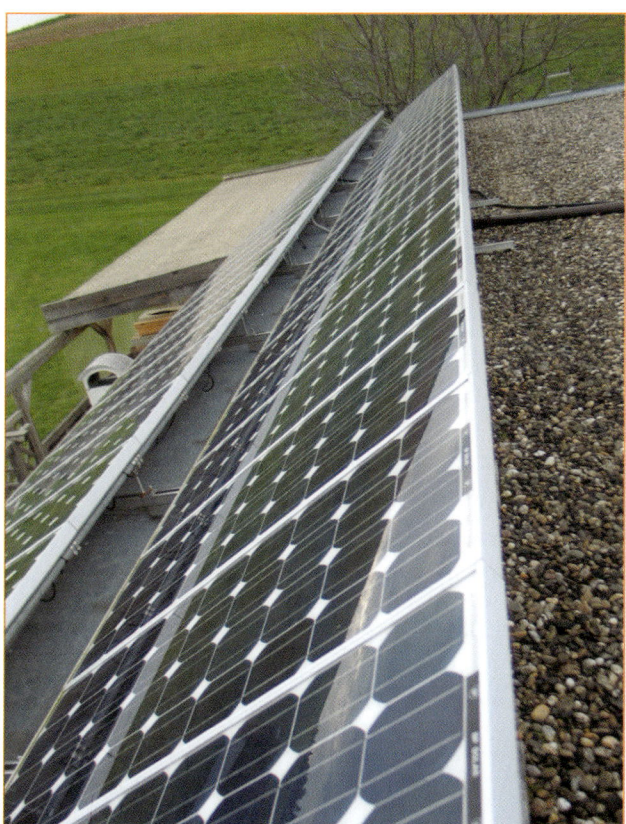

Abb. 13 – Flachdächer können auch Vorteile haben: Wer seine Solaranlage auf dem Flachdach installiert, kann meist die optimale Neigung und Ausrichtung frei wählen.

1.5 Bedarfsermittlung

Kombination der Erddrehung mit der Bewegung der Erde um die Sonne. Die dadurch entstehende Sonnenbahn am Himmel lässt sich mit Kurvendiagrammen, bezogen auf den geografischen Breitengrad und die Jahreszeit, darstellen. Die variierende „Höhe" der Sonne zur Mittagszeit führt dazu, dass ein Schatten werfendes Hindernis im Winter und im Sommer unterschiedliche Auswirkungen auf die PV-Anlage hat.

Die Diagrammkurven in Abb. 14 und Abb. 15 zeigen auch die unterschiedliche Tageslänge (Sonnenscheindauer), zu sehen im Azimutwinkel, im Sommer und im Winter.

Am besten ist es, wenn das Dach vollkommen frei von Schattenwurf ist. Leider sind solche Dächer selten. Doch ein Trost, Abschattungen haben vormittags bis ca. 9.00 Uhr und nachmittags ab ca. 17.00 Uhr nur einen sehr geringen Einfluss auf den Energieeintrag, da die Sonne in dieser Zeit sehr tief steht. In der „Kernzeit" hingegen sollte Schattenwurf vermieden werden. Kleinere und harte Schatten sind bei Photovoltaikanlagen problematisch. Da kann dann selbst ein Mast, eine Satelliten-Antenne, ein Kamin oder Ähnliches den Ertrag um bis zu 50 % schmälern.

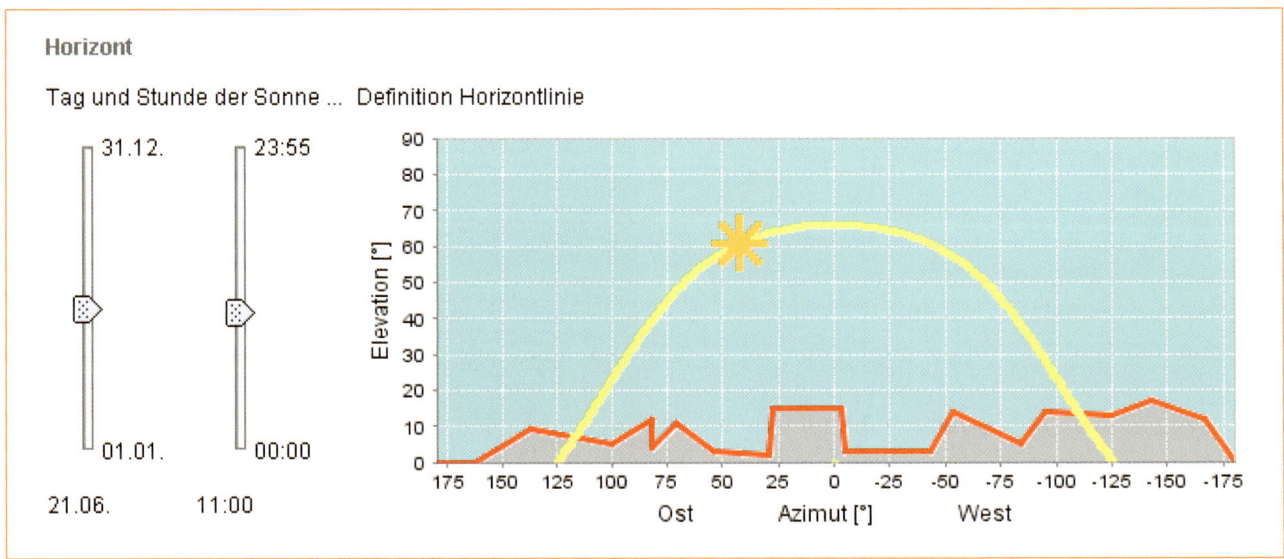

Abb. 14 – Kurvendiagramm Sommer, zum 21. Juni, 11.00 Uhr. Die rote Linie zeigt den Horizont mit Bebauung und Bäumen. Quelle (2)

Grund: Die schwächste Solarzelle zieht den Stromfluss des ganzen Stranges herunter.

Die Beschattungen sind für das ganze Jahr zu prüfen. Steht die Sonne im Herbst und im Winter niedriger, so können bereits knapp über dem Horizont befindliche Hindernisse Schatten werfen. Ein Laubbaum hat im Sommer Blätter, im Winter ist er laublos und damit durchlässig für die Strahlen der Sonne. Ein Nadelbaum oder ein gebautes Hindernis lässt aber auch im Winter das Licht nicht durch.

Dächer und Aufbauten benachbarter Gebäude oder des eigenen Gebäudes können zeitweise zur Beschattung der Solaranlage führen.

Eine Möglichkeit wäre, sofern Sie die Zeit und die Geduld haben, ein ganzes Jahr lang die für die Solaranlage in Frage kommende Dachfläche morgens, mittags und abends zu beobachten.

Eine weitere, praktikablere Möglichkeit ist es, sich ein Hilfsmittel anzufertigen oder zu kaufen, mit dem Sie die Sonnenlaufbahn und die Schattenhindernisse in kurzer Zeit für das ganze Jahr ermitteln können.

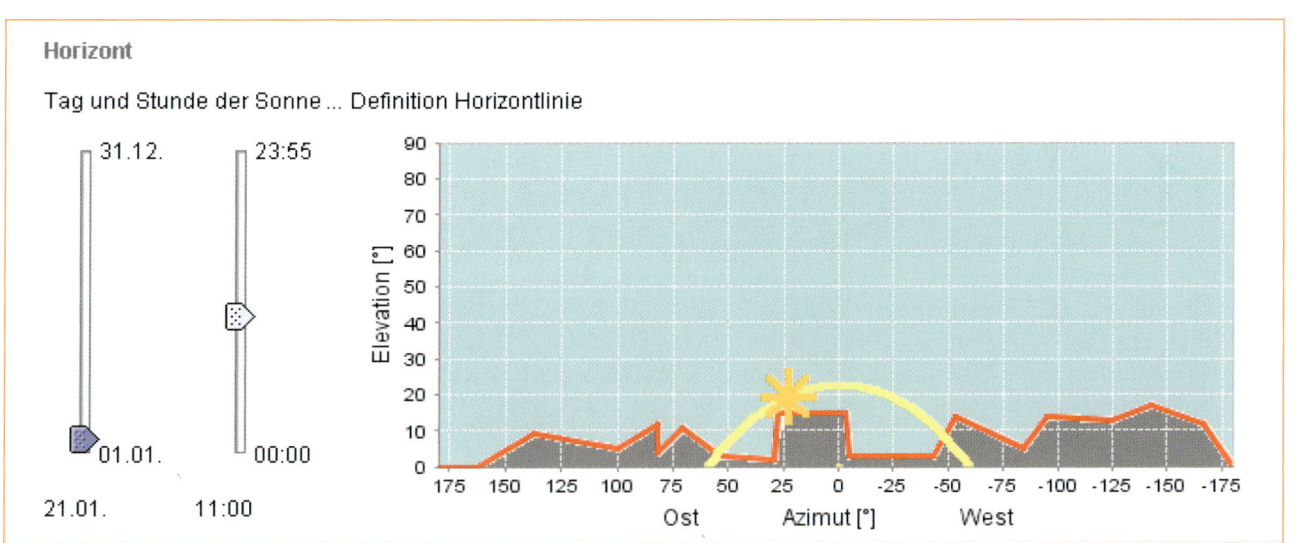

Abb. 15 – Kurvendiagramm Winter, am 21. Dezember, ebenfalls 11.00 Uhr. Quelle (2)

1.5 Bedarfsermittlung

Abb. 16 – Zeitweise Beschattung einer Photovoltaikanlage durch die eigene Dachgaube.

Im Abschnitt 6.3 finden Sie ein Sonnendiagramm, mit dem Sie den Schattenwurf von Objekten überschlägig ermitteln und eintragen können. Natürlich ist das Profigerät aus Abb. 17 genauer, aber für die ersten Überlegungen hilft Ihnen Ihr Sonnendiagramm auch gut weiter.

Im Diagramm sind unten (im Azimut) die Himmelsrichtungen angegeben. Auf der senkrechten Achse ist der Sonnenwinkel (Elevation) verzeichnet.

Am 21. Juni steht die Sonne in der Mittagszeit bei der angegeben Breite von 48° in einem Winkel von etwa 64°

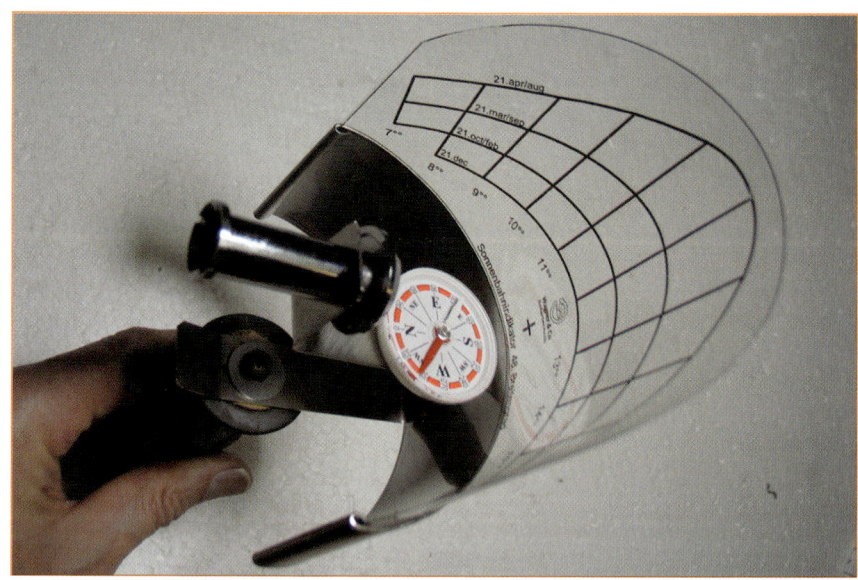

Abb. 17 – Profi-Schattenmesser von Wagner & Co. mit der Bezeichnung „Sonnenbahn-Indikator". Mit der Libelle und dem Kompass wird das Messgerät waagrecht und nach Süden ausgerichtet.

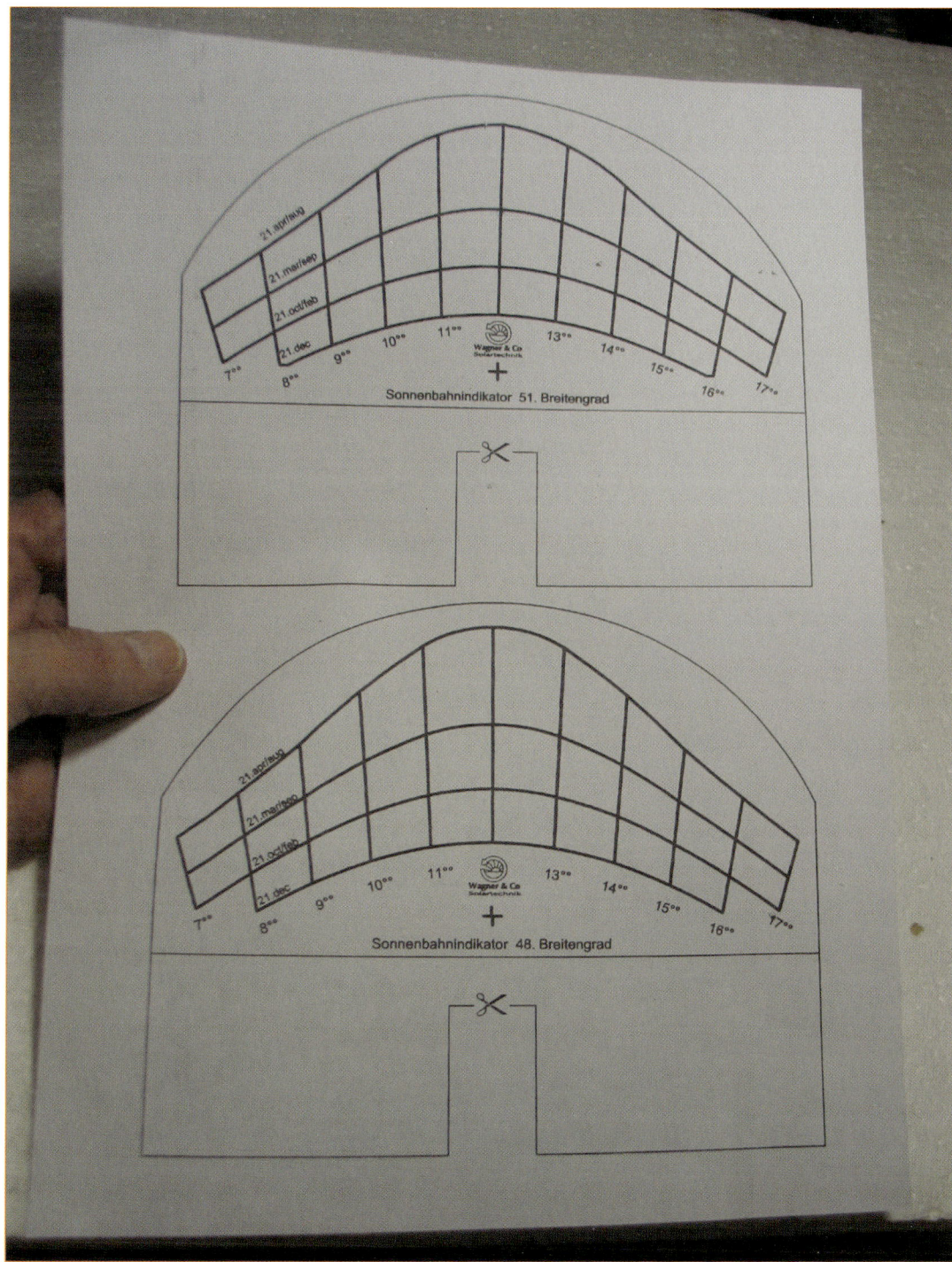

Abb. 18 – Zu dem Sonnenbahnindikator gibt es zwei Folien mit Diagrammen für den 51. Breitengrad (Norddeutschland) und den 48. Breitengrad (Süddeutschland).

1.5 Bedarfsermittlung

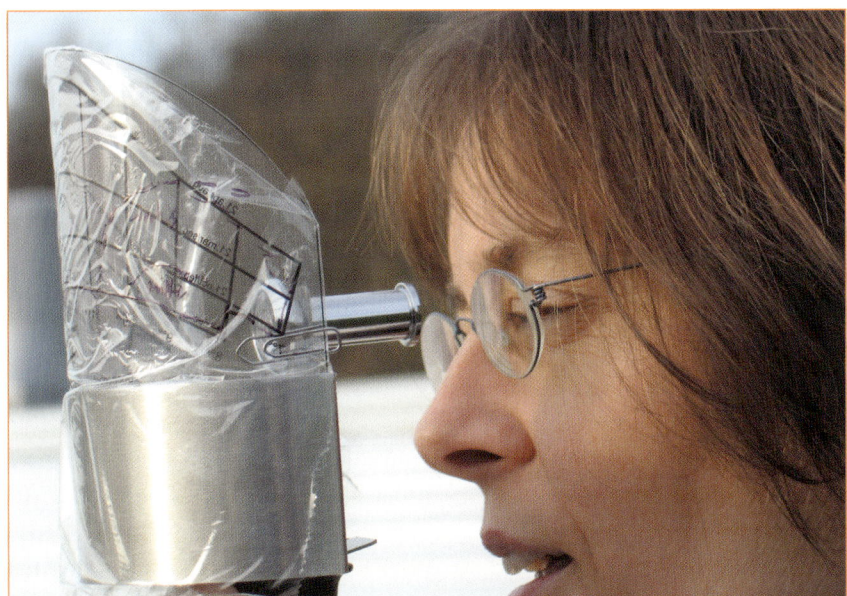

zur Horizontalen, am 21. Dezember (Tiefststand) in etwa 18°.

Sie können die Schattensilhouette mit einem Faserschreiber auf dem Diagramm festhalten und dann später in Ruhe die Situation nochmals anschauen bzw. die Schattenfläche mit einem Simulationsprogramm in den Ertragsrechnungen berücksichtigen.

Werden Modulstränge hintereinander auf einem Flachdach platziert (aufgestellt), so ist zu beachten, dass sich die Module nicht gegenseitig beschatten.

Abb. 19 – Anwendung des Sonnenbahnindikators der Fa. Wagner & Co. Nach dem Ausrichten des Gerätes schaut man durch das Okular auf das Sonnendiagramm und die am Horizont befindlichen Bäume und Bauteile.

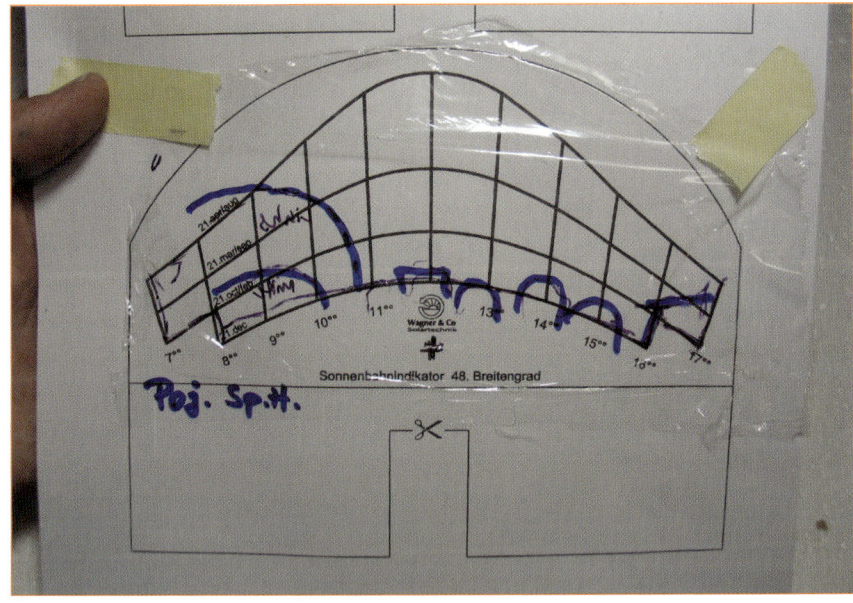

Abb. 20 – Zu sehen ist das Sonnendiagramm mit der aufgelegten Folie, auf welche die „Schatten werfenden Objekte" während der Anwendung eingezeichnet wurden. Die Beschattungen können dann in Simulationsprogrammen weiterverarbeitet werden.

1.5   Bedarfsermittlung

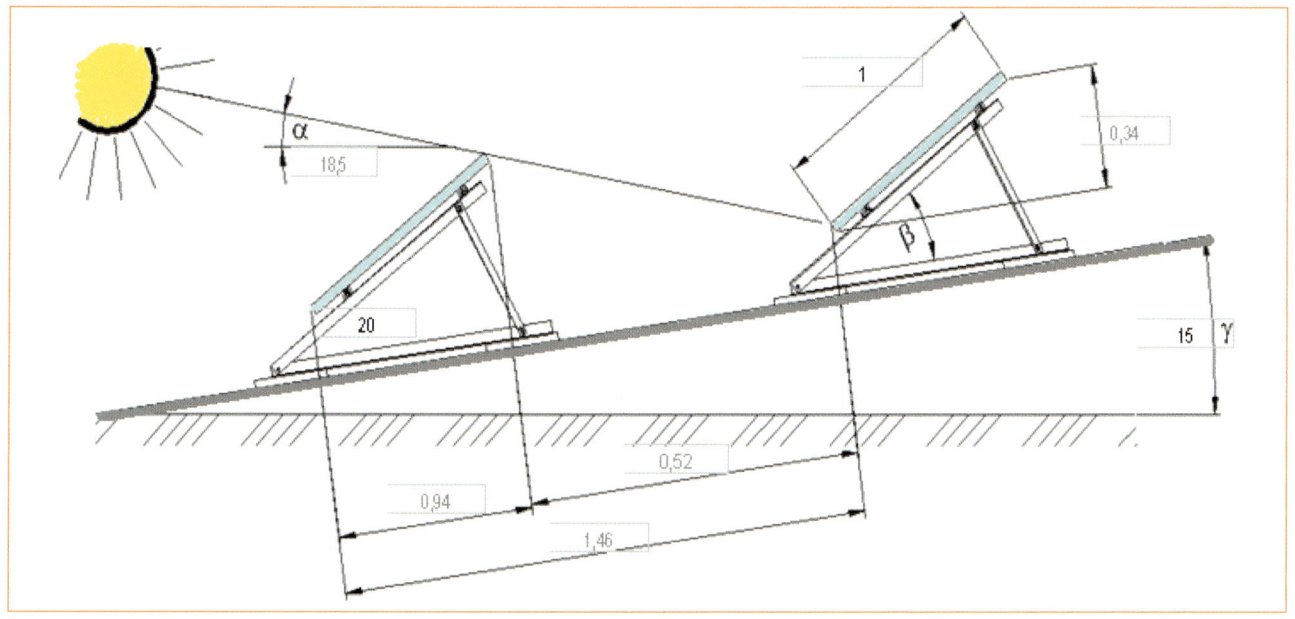

Abb. 21 – Systemzeichnung aus dem Berechnungsprogramm der Fa. Schletter, bei leicht geneigtem Dach. Je nach den örtlichen Angaben rechnet das Programm den erforderlichen Abstand der Module aus. Der niedrigste Einstrahlungswinkel am 21. Dezember ohne eine gegenseitige Beschattung ist im abgebildeten Beispiel 18,5°. Quelle (5)

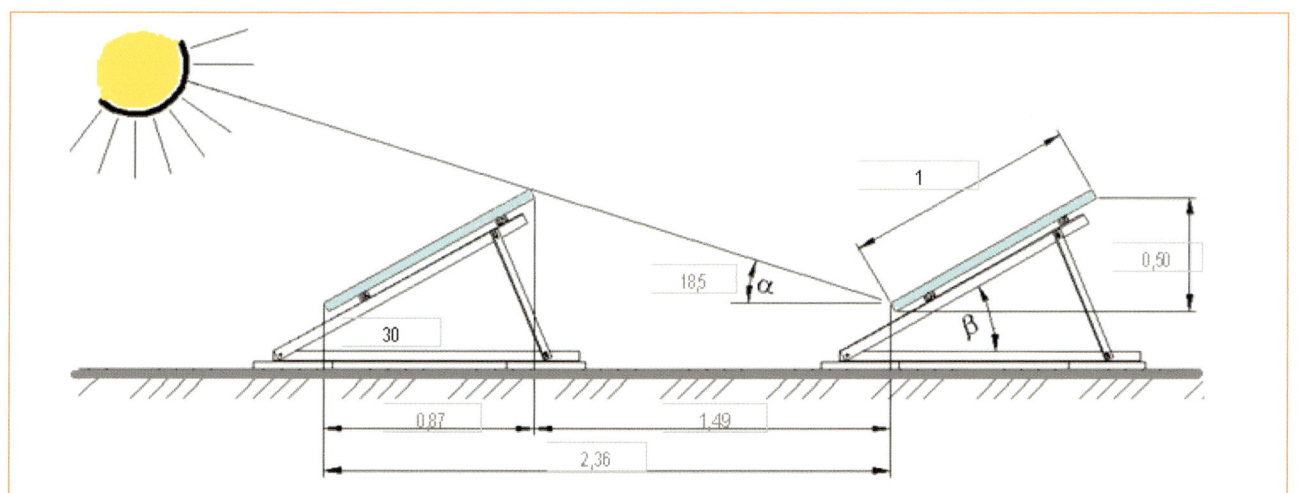

Abb. 22 – Systemzeichnung für ein Flachdach, ansonsten wie vorher. Quelle (5)

1.6 Bauliche Voraussetzungen

Der bauliche Zustand Ihres Daches ist ein Punkt, der sich am leichtesten ändern lässt oder im Zuge der Sanierung geändert werden sollte. Das Dach sollte so eingedeckt sein, dass im Bereich (unter) der Solaranlage in den nächsten 20 bis 25 Jahren keine Reparaturen zu erwarten sind. Wer an der Qualität seiner Dachdeckung und an der Stabilität des Dachstuhls zweifelt, sollte auf jeden Fall einen erfahrenen Dachdecker um eine Beratung bitten. Wird dann ohnehin eine Dachsanierung fällig, könnte möglicherweise eine integrierte Lösung für die Solaranlage interessant werden.

Statische Voraussetzungen

Die statische Eignung eines Daches für eine Solaranlage kann natürlich nur am konkreten Objekt sachlich festgestellt werden.

Je nach Dachform und Ausbildung des Daches gibt es unterschiedliche Gesichtspunkte.

Steilere Dächer tragen eine zusätzliche Belastung meist problemloser als flachere. Ältere Häuser haben oft sehr steile Dächer, die Sparren wurden meist nach Gefühl dimensioniert und es gibt keine statischen Berechnungen. Hängt z. B. der First des Daches durch, so weist dies entweder auf einen defekten Dachstuhl oder auf eine Setzung der Grundmauern hin. Auch Risse im Giebelbereich geben Hinweise auf mögliche Stabilitätsprobleme. Ein durch Insekten – wie Holzwurm und Hausbock – zerfressener Dachstuhl muss von einem Fachmann ebenfalls genau unter die Lupe genommen werden.

Im Zweifel ist es besser, einen Zimmermann, Architekten, Bauingenieur oder Statiker zurate zu ziehen. Sehen Sie in Ihrem Baugesuch nach, ob es statische Berechnungen zur Dachlast gibt. Überprüfen Sie oder lassen Sie überprüfen, wie viel Schneelast und Sicherheiten vom Statiker eingerechnet worden sind.

Damit Sie ein Gefühl dafür bekommen, mit welchem Gewicht eine Solaranlage zu Buche schlägt, im Folgenden ein paar Zahlen:

Bei einer Photovoltaikanlage (Module und Untergestell) können Sie mit einem Gewicht von ca. 15 bis 25 kg pro m² rechnen (systembedingt). Dieses Gewicht überschreitet normalerweise nicht die vom Statiker einkalkulierte Sicherheit.

Bei Sparrenabständen von üblicherweise 65 bis 75 cm wird das Gewicht – bei Befestigung der Dachhaken auf jedem Sparren – mit der Hälfte des m²-Gewichtes auf einem Sparren abgetragen. Viele handelsübliche Solarsysteme sehen die Befestigung auf jedem zweiten Sparren vor. Die Fa. Schletter empfiehlt, die Anlage mindestens im Randbereich auf jedem Sparren zu befestigen. Sofern das möglich ist, empfehle ich Ihnen, die Dachhaken auf jedem Sparren zu befestigen.

Statische Berechnungen und Projektierungssoftware für das Untergestell bietet z. B. die Fa. Schletter GmbH im Internet an, inzwischen aber nur noch für Händler. Unter Eingabe der Eckwerte berechnet das Programm die statisch erforderlichen Grundlagen.

Bei Flachdächern ist es zusätzlich erforderlich, eine Auflastberechnung für den Sockel des Untergestells durchzuführen (Mehrgewicht). Auch die Windlasten der entsprechenden Windlastzonen sind zu ermitteln (aus Kartenmaterial) und beim Flachdach unbedingt zu berücksichtigen.

Weiterhin spielen die örtliche Schneelasten und die aus den langjährigen Erfahrungen zu erwartende Schneemenge eine Rolle.

Gelingt es partout nicht, die Solaranlage aus Platz- oder statischen Gründen auf dem Hauptdach des Hauses zu platzieren, gibt es vielleicht andere mögliche Standorte, wie z. B. ein Nebendach.

1.6   Bauliche Voraussetzungen

Nebendächer zur Aufnahme der Solaranlage

Manchmal ist eine Scheune oder Garage neben dem Haus gut geeignet, um die Solaranlage darauf aufzubauen. Oder es gibt vielleicht die Möglichkeit, diese auf einem Dach der Pergola oder eines Anbaus unterzubringen. Möglicherweise regt der Bau der Solaranlage auch dazu an, ein entsprechendes Nebengebäude wie einen neuen Solar-Carport oder eine Solarpergola zu bauen.

Im Folgenden sind Beispiele für eine Platzierung von Solaranlagen auf einer Scheune und einige ungewöhnliche Lösungen dargestellt.

Abb. 23 – Scheunendach mit CIS-Modulen. Quelle (7)

Je nachdem, welche Abmessungen und Ausbildung das Nebengebäude hat, sind für das eventuell neu zu erstellende Nebengebäude Baugenehmigungen (entsprechend dem Baurecht des Bundeslandes) einzuholen. Machen Sie vorab eine ver-

Abb. 24 – Die Solarpergola als Energielieferant! Quelle (3)

Abb. 25 – Eingangsbereich und Laube mit PV-Anlage. Quelle (3)

maßte Skizze (mit Grenzabständen, usw.) und reichen Sie diese als Voranfrage bei Ihrem zuständigen Bauamt ein.

In statischer Hinsicht sollten Sie, vor allem bei leichteren Konstruktionen, auch an die Windlast denken. Nicht, dass eine Windböe die Solaranlage unverhofft abheben lässt …

Solaranlage und Denkmalschutz

Denkmalschutz hört sich nach Problemen und schwierigen Lösungen an. Dies kann sich ändern, wenn wir und die Denkmalschützer Solaranlagen von einem neuen Standpunkt aus betrachten. Eine Solaranlage ist nicht allein ein technisches Hilfsmittel, um Energie zu erhalten, vielmehr können die Solarmodule zu einer weiteren Gestaltung, zum Schutz und zur Aufwertung des bestehenden Gebäudes beitragen. Dies gilt auch für Baudenkmäler, bei denen Solaranlagen bisher eher weniger in Betracht gezogen wurden. Deshalb ist es sinnvoll, schon frühzeitig den Kontakt mit der zuständigen Denkmalpflegebehörde zu suchen, damit unterschiedliche Realisierungsmöglichkeiten diskutiert und abgestimmt werden können.

Gestalterisch wichtig ist dabei, die Elemente der Solaranlage mit gutem Gespür in das bestehende Gebäude einzufügen und nicht einfach den Solargenerator auf das Dach zu klatschen.

Gerade Sie als Bauherrin und Bauherr haben eine Beziehung zu Ihrem Gebäude. Lassen Sie sich von den sogenannten Solar-Profis nicht einreden, dass technische Notwendigkeiten eine für das Haus optisch unbefriedigende Bauweise erforderlich machen.

Durch Ihre Eigenleistungen und Beiträge kann das Argument „Kosten" nicht mehr allein die übergeordnete Rolle spielen. Eine optisch befriedigende Lösung steigert nicht nur Ihr Ansehen und den Wert Ihres Hauses, sondern auch die Akzeptanz der Solarenergie. Schließ-

lich gilt es doch, die gestalterischen und technischen Aspekte zusammenzubringen.

An zahlreichen Objekten, wie z. B. Kirchen und anderen historischen Gebäuden, konnten Solaranlagen bereits erfolgreich optisch integriert werden.

Das Forschungsprojekt PVACCEPT – auf Initiative von Berliner Architektinnen und Architekten gegründet – hat sich mit der Gestaltungsproblematik im Detail

> Mein Tipp für ein weiteres Argument in Gesprächen mit dem Denkmalamt:
>
> Eine Solaranlage hilft durch die Reduzierung des umweltschädlichen CO_2, Baudenkmäler zu erhalten! „Wie das?", fragen sich die fleißigen Mitarbeiter vom Denkmalamt. Ganz einfach: Durch CO_2 wird der Regen sauer, saurer Regen zerstört die Materialien des Baudenkmals … und was gibt es dann noch zu schützen?

Abb. 26 – Ein Beispiel für eine architektonisch sensible Aufgabe – Das Kirchendach mit CIS-Modulen, in denen sich der Himmel spiegelt! Quelle (7)

auseinandergesetzt und Demonstrationsprojekte in Italien und Deutschland bei der Realisierung begleitet und unterstützt.

Weitere Informationen zu dem Forschungsprojekt finden Sie auf der Homepage der Initiative unter: *www.pvaccept.de.*

Der grundlegende Unterschied zwischen Neubauten und vorhandenen Gebäuden (Altbauten) ist, dass bei dem vorhandenen Gebäude auf bestehende Strukturen mehr Rücksicht genommen werden sollte. 08/15-Lösungen scheiden eher aus, es sind kreative Lösungen gefragt.

Gestaltungsprinzipien:

A) Zugeordnet:
Anbringung der Solaranlage vor (Fassade) bzw. auf der Gebäude-

Hier nochmals schlechte und gute Beispiele:

Abb. 27 – Durch die Gruppierung um die Dachfenster gestalterisch etwas unruhig und unbefriedigend. Rechts im Bild, leider schlecht zu sehen, wurden die Module senkrecht montiert.

Abb. 29 – Modulfeld mit einer gestalterisch klaren Lösung.

Abb. 28 – Gutes Beispiel – CIS-Module vor und auf einer Gaupe platziert. Von „unten" kaum wahrnehmbar. Quelle (7)

31

1.6 Bauliche Voraussetzungen

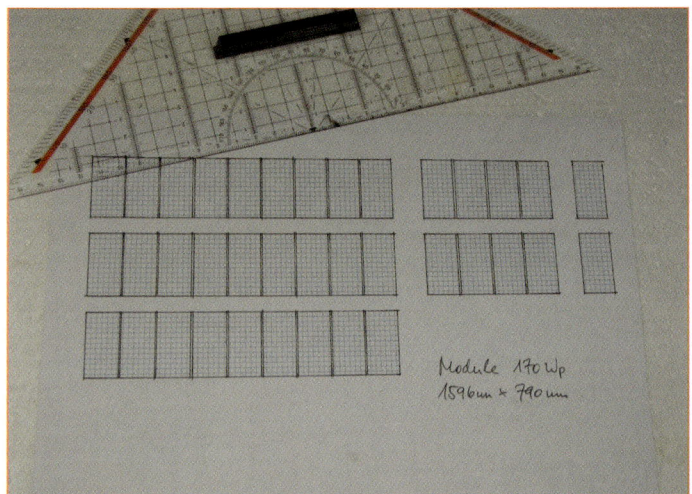

Mein Tipp

Zeichnen oder kleben Sie die einzelnen Solarmodule oder mehrere Module z. B. im Maßstab 1 : 50 auf Pappe auf.

Die Abmessungen finden Sie in den Prospektunterlagen der Hersteller und im Internet. Das Dach zeichnen Sie ebenfalls auf unter Berücksichtigung von Gaupen, Kaminen, Dachfenstern, Lüftungsrohren usw. Dann spielen Sie mit der Anordnung der Module (Modulstränge) auf dem Dach (siehe auch Abb. 30).

hülle (Dach). Die Anlage lässt sich auf diese Weise auch jederzeit wieder demontieren. Beispiel: Eine Solaranlage wird als Aufdachanlage oder in Form von Elementen an der Fassade vormontiert. Vorteil: Die nachträgliche Installation kann ohne wesentliche Sanierungsmaßnahmen erfolgen. Es wird kaum oder gar nicht in die Gebäudehülle eingegriffen. Ein Rückbau ist jederzeit möglich.

B) Eingefügt:
Integration und Kombination. Durch die Solaranlage ergeben sich zusätzlich zum Energiegewinn weitere Verbesserungen für das Gebäude. Beispiel: Ein problematisches Dach wird durch die Solaranlage zusätzlich geschützt und aufgewertet. Die Solaranlage ist als zusätzlicher Wetterschutz im Eingangsbereich konstruiert. Eine Solarfassade trägt zur besseren Wärmedämmung und Hinterlüftung der Fassade bei. Diese Maßnahmen sind langfristig wirtschaftlich sinnvoll. Bei einer Gesamtsanierung liegen die Investitionskosten durch Materialeinsparungen niedriger als bei dem zugeordneten Konstruktionsprinzip A.

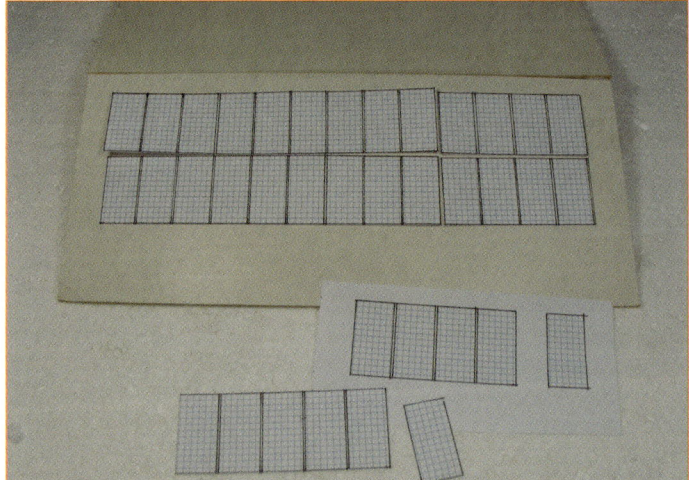

Abb. 30 – Module maßstabgetreu aufzeichnen und ausschneiden – wie passen sie am besten auf mein Dach? Die Dachfläche als Pappmodell ausschneiden und zusammenkleben und die Module darauf anordnen.

1.7 Wirtschaftlichkeit: mit der Solaranlage Geld verdienen

Eine Photovoltaikanlage ist für Sie selbst, umweltpolitisch wie auch wirtschaftlich, eine gute Investition in die Zukunft.

Durch eine Kosten- und Nutzenberechnung zeigt sich schnell, welche Investitionen getätigt werden müssen und welche Rendite dabei herausspringt. Solaranlagen sind auch mit geringem Eigenkapital realisierbar und rechnen sich wirtschaftlich.

Der Vorteil ist, dass das Investitionsobjekt sich auf Ihrem eigenen Dach befindet und Sie die ständige Kontrolle darüber haben. Hinzu kommt, dass der Verkehrswert Ihres Hauses dadurch noch gesteigert wird.

Durch die gesetzlich garantierte Einspeisevergütung und die hohe Zuverlässigkeit der Technik lassen sich die Erträge sehr gut planen. Die Betriebskosten sind im Vergleich zu allen anderen Stromerzeugungsarten verschwindend gering, was das Betriebsrisiko minimiert.

Unkalkulierbare Risiken wie Elementarschäden oder Nutzungsausfall durch Defekte an der Photovoltaikanlage lassen sich durch entsprechende Versicherungen weitgehend ausschließen.

Im Folgenden erhalten Sie einen Einblick in die Kosten-Nutzen-Berechnung einer konkreten Solaranlage mit einer Leistung von

Abb. 31 – PV-Anlage „Solarhof" während der Installation.

Hauptmerkmale der PV-Anlage und die Finanzierung		
Anlagentyp	PV-Dachanlage 30° (aufgeständert)	
Anlagengröße	ca. 24,7 kWp	
Baukosten PV- Anlage	5160 € pro kWp (ohne MwSt.*)	Gesamt: 129.000 €
Veranschlagter Stromertrag pro Jahr	940 kWh/kWp	
Inbetriebnahme	Juli 2006	
Eigenkapital	46 %	58.727 €
Fremdfinanzierung	54 %	69.660 €
Gesamt	100 %	129.000 €
*) siehe weiter unten, Umsatzsteuer		

1.7 Wirtschaftlichkeit: mit der Solaranlage Geld verdienen

24,7 kWpeak, die im Jahr 2006 unter meiner Mitwirkung realisiert wurde. Bei kleineren Anlagen erhöhen sich die Anlagenkosten (Baukosten) pro installiertem kWpeak, alle anderen Punkte sind aber vergleichbar.

Die Einstrahlung und die Stromerträge wurden mit Absicht eher vorsichtig veranschlagt. Bisher hat der praktische Betrieb gezeigt, dass die realen Erträge höher sind.

Die wichtigsten Posten sind, wie bei jedem Unternehmen, auf der einen Seite die Ausgaben in Form von Investitionskosten und Betriebskosten. Dem gegenüber stehen bei der PV-Anlage die Einnahmen in Form von

Einspeisungsvergütungen und Zinserträgen. Als Betriebskosten fallen z. B. an:

- Rücklagen und Instandhaltungskosten (für Wartung und Reparaturen),
- Versicherungen,
- Abschreibung,
- Kapitalkosten (Fremdfinanzierung).

Die Einnahmen sind:

- Einspeisevergütung entsprechend EEG.

Hauptpunkte der Wirtschaftlichkeitsberechnung

Erträge aus Einspeisevergütung	247.055,68 €	
Zinserträge (2 %)	+4.013,36 €	
Gesamteinnahmen	251.069,04 €	
Aufwendungen (ohne Abschreibung)	–68.569,48 €	
Tilgung (Fremdkapital)	–70.272,75 €	
Kapitalüberschuss (Kapitalisierung)	112.226,81	191 %

Finanzwirtschaftliche Kennzahl

Gesamtkapitalrendite	4,5 % p.a.	(vor Steuern)	

1.8 KfW-Programm

Die Kreditanstalt für Wiederaufbau (KfW) fördert Photovoltaikanlagen bis zu einem Darlehensvolumen von 50.000 € (Stand 2007).

Antragsberechtigt sind Investoren für „kleinere Photovoltaikanlagen".

Von der KfW wird ein langfristiges und zinsgünstiges Darlehen zur Deckung eines Anteils oder der gesamten Investitionskosten für eine Photovoltaikanlage gefördert. Die Kreditlaufzeit beträgt max. 20 Jahre.

Die Antragstellung muss grundsätzlich vor Beginn (Kauf oder Beauftragung der Photovoltaikanlage) gestellt werden.

Weitere Details finden Sie auf der Homepage der KfW, Adresse siehe Anhang.

1.9 Steuerliche Belange

Umsatzsteuer

Als selbstständiger Betreiber einer Photovoltaikanlage sind Sie Unternehmer und damit umsatzsteuerpflichtig, mit dem Vorteil, dass Sie die für die Anlage und/oder das Material gezahlte Mehrwertsteuer zurückerstattet bekommen. Dadurch verringern sich unter dem Strich die Anschaffungskosten!

Dies betrifft alle nachgewiesenen Aufwendungen, wie z. B. Anschaffungskosten, Transportkosten, Installationskosten usw., nicht aber Ihre Eigenleistungen!

Der Vertrag zwischen dem Energieversorgungsunternehmen und Ihnen als Stromlieferant ist ein gewerblicher Vertrag. Der Stromlieferant bezahlt Ihnen die Umsatzsteuer, Sie führen diese wiederum an das Finanzamt ab (z. B. über eine Einzugsermächtigung).

Einkommensteuer

Durch eine Photovoltaikanlage werden Einkünfte aus einer gewerblichen Tätigkeit erzielt, die in Ihrer Einkommensteuererklärung anzugeben sind.

Wie bei fast allen selbstständigen Tätigkeiten wird der Gewinn aus den Einnahmen abzüglich der Ausgaben ermittelt. Zumindest in den ersten 10 Jahren (je nach Finanzierung) ist bei der PV-Anlage kein zu versteuernder Gewinn zu erwarten.

Gewerbesteuer

Gewerbesteuer wird bei einer gewerblichen Tätigkeit erst ab einem Gewinn von mehr als 24.500,00 € pro Jahr (Stand 2007) fällig. Dies ist bei Photovoltaikanlagen der beschriebenen Größe und Art eher nicht zu erwarten.

Abschreibung

Die Abschreibung von Photovoltaikanlagen wird (je nach Finanzbehörde) normalerweise auf 20 Jahre verteilt. Meist ist wahlweise eine lineare oder degressive Abschreibung möglich. Linear bedeutet: gleich hohe Abschreibungsraten über die Nutzungsdauer. Degressiv bedeutet: eine höhere Abschreibung zu Beginn, die im Zeitverlauf der 20 Jahre niedriger wird, z. B. aus Gründen der höheren Abnutzung und damit Wertminderung der Anlage in der ersten Zeit.

Zu Details in Ihrer konkreten Situation lassen Sie sich am besten durch das zuständige Finanzamt und Ihren Steuerberater informieren.

1.10 Versicherungen

Meist bieten die Versicherungen komplette Pakete mit Rundum-Absicherung an. Auf jeden Fall ist es sinnvoll, die Angebote zu vergleichen.

Elektronik- oder Allgefahrenversicherung

tritt ein bei Raub oder Plünderung und bei Sachschäden, wie z. B. durch:

- Bedienungsfehler,
- Überspannung, Kurzschluss,
- Brand, Blitzschlag,
- Wasser, Feuchtigkeit, Überschwemmung,
- Sabotage, Vandalismus, höhere Gewalt,
- Konstruktions-, Material- oder Ausführungsfehler,
- Elementargefahren.

Haftpflichtversicherung

tritt ein bei Schäden, die durch die PV-Anlage an Dritten entstehen.

Ausfallversicherung

Eine Nutzungs-Ausfallversicherung ist teilweise in der Elektronikversicherung enthalten. Diese tritt ein, wenn durch einen Schaden/Reparaturfall an der PV-Anlage vorübergehend keine Einspeisung und damit keine Vergütung stattfinden.

Die Versicherungen können jeweils mit oder ohne Selbstbehalt (Eigenanteil) abgeschlossen werden.

Versicherung über die Wohngebäudeversicherung

Die Photovoltaikanlage gilt baulich gesehen (siehe auch Kasten) als Bestandteil des Gebäudes. So wird sie normalerweise ohne Probleme mit in die Gebäudeversicherung aufgenommen. Die Anlage muss dem Versicherer vorher gemeldet werden, je nach Versicherungspolice kann sich dann die Versicherungssumme erhöhen. Schäden, welche durch Sturm, Hagel, Feuer, Blitz und

> **Mein Hinweis**
>
> In älteren Versicherungsverträgen (Gebäudeversicherung) ist die PV-Anlage als Auf-Dach-Variante möglicherweise im Schadensfall nicht gedeckt, wohl aber als In-Dach-Version. Die Auf-Dach-Anlage gilt unter Umständen nach § 95 BGB als Gebäude**schein**bestandteil und muss extra versichert werden. In neueren Verträgen sind diese Bestandteile jedoch meistens mitversichert. Entsprechendes gilt für die Deckung von Überspannungsschäden an der PV-Anlage durch Blitzschlag.

Leitungswasser entstehen, sind dann gedeckt. Für Schäden durch Vandalismus, Diebstahl oder Bedienungsfehler kann eine Ertragsausfall- oder Betriebsunterbrechungsversicherung (siehe **Ausfallversicherung**) abgeschlossen werden.

Montageversicherung

Sachschäden, die während der Bauphase unvorhergesehen und plötzlich auftreten, z. B. Beschädigung der Module während des Einbaus, können über eine gesonderte Montageversicherung abgesichert werden. Die Versicherung gilt hauptsächlich für Installateure und bei Selbstmontage, wenn eine fachlich versierte Person die Montage überwacht.

Wird die Anlage in einen Neubau integriert, greift im Schadensfalle normalerweise die Bauleistungsversicherung, bzw. kann die Installation der Anlage in diese aufgenommen werden.

> **Mein Tipp**
>
> Für den Fall, dass Sie eine Privathaftpflicht haben, fragen Sie Ihren Versicherungsvertreter, ob diese auch in einem durch die Solaranlage verursachten Haftpflichtfall eintritt (eventuell auch mit einem Risikozuschlag in Abhängigkeit der Größe der PV-Anlage).

1.11 Finanzierung

Grundsätzlich macht es Sinn, eine Photovoltaik-anlage zu einem bestimmten Anteil über einen günstigen Kreditgeber zu finanzieren. Dies vor allem dann, wenn die zu erwartende Rendite der Solaranlage höher ist als die für die Fremdfinanzierung zu zahlenden Zinsen. Banken wie die Umweltbank, die KFW und andere bieten für CO_2-reduzierende Maßnahmen oft günstige Konditionen und haben Erfahrung mit der Finanzierung von Solaranlagen.

Sobald eine Fremdfinanzierung vorgenommen wird, sollte ein „I+F-Plan" (Investitions- und Finanzierungs-plan) erstellt werden. Hilfreich ist dabei eine Excel-Tabelle, in der die Bezugsgrößen eingetragen werden. Die Grundlage für die Tabelle können Sie sich (z. B. als Berechnungsbeispiel einer PV-Anla-ge) aus dem Internet herunterladen:

Umweltinstitut München e.V. *www.umweltinstitut.org/*, im Menü Energie und Klima anklicken. Unterpunkt: Wirtschaftlich-keit von Solaranlagen mit der Datei *solara-strom.xls* zum Herunterladen.

Anbei das Vorgabenblatt, passend zum Projektierungsbeispiel aus Kapitel 6.4. In das Formular der Excel-Tabelle werden für den I+F-Plan folgende Angaben eingetragen (von oben nach unten).

In die Zeilen des I+F-Planes: **Erträge,** Ein-speisevergütung, evtl. Zinserträge, **Aufwen-dungen,** Versicherungen, Rücklagen, Ab-schreibung, Tilgung und Zinsaufwand (des Darlehens) und ganz unten der zugewiesene Gewinn/Verlust.

In die Spaltenüberschrift der Tabelle sind die Jahre einzutragen (21 Spalten, z. B. die Jahre 2007 bis 2028).

In den ersten 10 bis 14 Jahren (je nach Anteil des Fremdkapitals) werden durch die

Hinweis

Die Finanzierung der PV-Anlage kann entweder gänz-lich aus eigenen Mitteln erfolgen, aus einer Mischung von eigenen Mitteln und Fremdfinanzierung oder komplett mit fremden Mitteln finanziert werden. Bei der kompletten Fremdfinanzierung ist keinerlei eigenes Kapital erforderlich.

Einspeiseerträge hauptsächlich Zins, Tilgung und sons-tige laufende Kosten abgegolten, danach gehen die Erträge zunehmend auf Ihr Konto.

Projektierungsbeispiel		aktuelle MwSt.:	19%
Vorgabenblatt			
erstellt vom Autor für: Projektierungsbeispiel		21. Mai 2007	
PLZ / Anlagen-Standort		71111 Süddeutschland	
Leistung der geplanten Fotovoltaikanlage		kWp	4,4
Größe der nutzbaren Dachfläche	9 m x 10 m		90,00 m2
Finanzierung der geplanten Fotovoltaikanlage		19.500,00 €	19.500,00 €
Eigenkapital		20 %	3.900,00 €
Zuschuss ...			
Finanzierung / Kredit (KfW...)		80 %	15.600,00 €
gesamt %		100 %	
Gesamt			19.500,00 €
Investitionskosten (netto ohne MwSt.)		Pro kWp	
Komplette Materialkosten (Montage erfolgt selbst):		4.431,82 €	19.500,00 €
Gesamt			19.500,00 €
Zwischenfinanzierung für MwSt.	MwSt.		3.705,00 €
geplante Inbetriebnahme der Anlage		Frühjahr 2007	
Solarstrahlung			
Solarer Ertrag in Volllaststunden nach Gutachten			930 kWh / kWp
Solare Ernte in kWh abzzgl. 0 % Sicherheit			4.092 kWh
jährliche Einnahmen nach EEG für 20 Jahre			2.013,26 €
jährlich laufende Kosten			
(Versicherung, Haftpflicht, Ausfall) oder in %	versikoAss, 400 €		siehe Erlösplan
Vergütung nach EEG für 20 Jahre und das Jahr der Inbetriebnahme			0,492 € / kWh
Rücklagen für Reparaturen	2,0% entspricht ca.		40,27 €
Wartung und Behebung von Störungen			

1.12 Einspeisevergütung (EEG)

Das Gesetz zur Förderung erneuerbarer Energien (von Bundestag und Bundesrat) wurde im April 2001 beschlossen und mit Wirkung ab dem 1. August 2004 novelliert. Für Solarstrom gelten folgende Bedingungen:

● Garantierte Mindestpreise

Die Vergütung für Strom aus Dach-Photovoltaikanlagen, die nach dem 1. Januar 2005 in Betrieb genommen werden, beträgt für die ersten 30 kWp Leistung der Anlage 54,53 Cent je kWh, für die folgenden 31 bis 100 kWp 51,87 Cent je kWh und für alle Leistungen über 100 kWp 51,3 Cent je kWh. Diese Vergütung wird für 20 Jahre zuzüglich des Jahres der Inbetriebnahme gezahlt. Für Anlagen, die in den folgenden Jahren in Betrieb gehen, reduzieren sich diese Mindestpreise um jeweils 5 % pro Jahr.

● Garantierte Laufzeit

Diese Garantiepreise (garantierte Vergütung) gelten für die Dauer des Inbetriebnahmejahres und die folgenden 20 Betriebsjahre der Anlage. Der Europäische Gerichtshof hat im März 2001 entschieden, dass diese Vergütung keine Subvention darstellt. Damit ist auch die Gefahr gebannt, dass die Vergütung durch das europäische Recht ausgehebelt werden kann.

● Garantierter Stromverkauf

Die Energieversorger sind gesetzlich verpflichtet, den gesamten eingespeisten Strom abzunehmen. Der Versorger darf außerdem keine technischen und wirtschaftlichen Hürden aufbauen, die die Einspeisung erschweren.

Inbetriebnahmejahr Photovoltaikanlage	Dachanlagen bis 30 kWpeak*)		Fassadenanlagen bis 30 kWpeak*)	
	Degression	Vergütung Ct./kWh	Degression	Vergütung Ct./kWh
2004		57,40		62,40
2005	5,0 %	54,53	5,0 %	59,53
2006	5,0 %	51,80	5,0 %	56,80
2007	5,0 %	49,21	5,0 %	54,21
2008	5,0 %	46,75	5,0 %	51,75
2009	5,0 %	44,41	5,0 %	49,41
2010	5,0 %	42,19	5,0 %	47,19

*) Die Vergütungssätze für Anlagen über 30 kWpeak sind geringer und werden in der Tabelle nicht aufgeführt.

Abb. 32 – Tabelle der im EEG geregelten Einspeisevergütung. Degression bedeutet: Pro Jahr, das die Anlage später an das Netz geht, sinkt die Vergütung um 5 %; dieser Satz gilt dann aber für die nächsten 20 Jahre. Die Tabelle fängt mit 2004 an, da zu diesem Zeitpunkt das Gesetz in Kraft getreten ist.

1.12 Einspeisevergütung (EEG)

● Hoher Investitionsschutz

Das Gesetz schützt alle Anlagen, die während seiner Geltungsdauer in Betrieb genommen werden, für die Dauer von 20 Jahren. Falls innerhalb der nächsten 20 Jahre das EEG möglicherweise verändert oder wieder abgeschafft werden sollte, wird von einem Bestandschutz für die Restlaufzeit aller Anlagen ausgegangen, die sich zum Zeitpunkt der Gesetzesänderung bereits in Betrieb befanden.

Zuständig für die Abnahme des Solarstromes ist nach § 3 EEG der nächstgelegene Netzbetreiber.

Die Mindestvergütungssätze sind für Photovoltaikanlagen (siehe in der Tabelle Abb. 32) im EEG geregelt.

Wenn die baulichen Voraussetzungen und die Wirtschaftlichkeit geprüft sind und die Entscheidung für eine PV-Anlage gefallen ist, geht es an die praktische Umsetzung und an das Einholen von Angeboten für das Material oder weitere Leistungen.

Sinnvoll ist dabei eine kurze Leistungsbeschreibung mit Anlagengröße, Dachform, Vorgaben zur Befestigung und den Örtlichkeiten. Lassen Sie sich die Produkte bzw. die erforderlichen Leistungen (alles, was Sie nicht selbst erledigen wollen) von mehreren Firmen anbieten, zunächst nicht unbedingt auf ein bestimmtes Firmenprodukt festgelegt. Bei den Materialien ist es sinnvoll, Inlandprodukten den Vorzug zu geben, sowohl bei den Solarmodulen wie auch bei Wechselrichtern. Damit werden Arbeitsplätze geschaffen und erhalten.

Stromabnahme durch Energieversorger

Wenn die PV-Anlage zur Netzeinspeisung fertiggestellt und beim Energieversorger angemeldet wurde, erhalten Sie vermutlich (abhängig vom Energieversorger) einen Einspeisevertrag zugeschickt. Diesen müssen Sie nicht unterzeichen, um an Ihr Geld zu kommen, da ja die Einspeisvergütung durch das EEG gesetzlich geregelt ist. Sie können dies telefonisch oder schriftlich Ihrem Energieversorger mitteilen und bekommen dann ein entsprechendes Formular zugeschickt, in das Sie Ihre Daten, den zu erwartenden Anlagenertrag und die Kontonummer zur Überweisung Ihres Einspeiseerlöses eintragen. Je nach Verfahrensweise ist der Einspeisezähler dann z. B. ein Mal im Jahr oder monatlich abzulesen und der Zählerstand dem Energieversorger mitzuteilen.

2 Solaranlage konkret

2 Solaranlage konkret

Bei PV-Anlagen gibt es hinsichtlich der Grundstruktur drei verschiedenartige Systeme:

- Netzparallelsystem, Einspeisesystem,
- Netzunabhängiges System, Inselsystem,
- direkte Nutzung des Solarstromes.

Die verschiedenen Systeme funktionieren wie folgt:

Beim Netzparallelsystem wird die Sonnenenergie mit Hilfe der Solarmodule in elektrischen Strom umgewandelt, welcher von dem Betreiber der PV-Anlage an den Netzbetreiber (Energieversorgungsunternehmen) verkauft und in das öffentliche Netz eingespeist wird.

Beim netzunabhängigen System ist keine Verbindung zum öffentlichen Stromnetz erforderlich, die Sonnenenergie, die mit Hilfe von Solarmodulen in elektrischen Strom umgewandelt wurde, wird direkt im Haushalt verbraucht. Damit sind Inselanlagen in Bereichen möglich, wo kein Stromnetz existiert, z. B. außerhalb von Siedlungen. Es sind aber auch Stromversorgungen parallel zum und unabhängig vom öffentlichen Netz möglich.

Die Grundsysteme bestehen aus einer Reihe von Elementen. Die einzelnen Komponenten werden im Folgenden beschrieben:

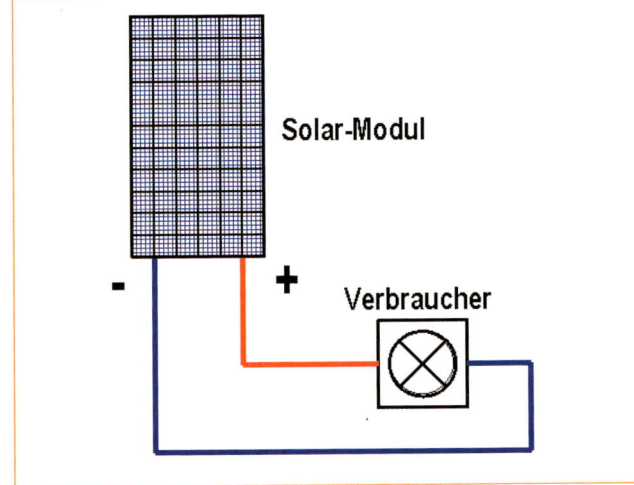

Abb. 33 – Prinzipdarstellung einer einfachen PV-Anlage (Direktnutzung). Der mit Hilfe des Solarmoduls durch die Sonne gewonnene Strom versorgt direkt einen elektrischen Verbraucher (Gleichstrom), wie zum Beispiel einen Ventilator oder eine Pumpe.

2.1 Netzparallelsystem

Netzgekoppelte Solaranlagen sind mit dem öffentlichen Stromnetz verbunden, in das sie den durch die Sonne gewonnenen Strom einspeisen. Ist viel solare Energie vorhanden, wird auch viel Strom eingespeist. Netzeinspeisesysteme sind dezentrale Kraftwerke, die Ihren Anteil zur Gesamtstrombereitstellung beitragen. Je mehr es davon gibt, desto weniger konventionelle Kraftwerke werden gebraucht. Der Aufbau vieler kleinerer netzgekoppelter Solaranlagen auf Gebäuden ist eine Möglichkeit, die Stromproduktion – mit wachsenden Anteilen – aus regenerativen Energien zu bewerkstelligen.

Vorteil für Sie: Dieses System braucht keinen Speicher in Form eines Akkus, damit ist es sehr wartungsarm und dauerhaft. Das öffentliche Netz ist ein großer Pool, in den Strom hineingegeben und aus dem Strom entnommen wird. Ihre PV-Anlage ist möglicherweise mit der halben Welt vernetzt.

Nachteil: Wenn es eine Störung im öffentlichen Stromnetz gibt (Stromausfall), stehen Sie trotz Ihrer PV-Anlage auf dem Dach ohne Stromversorgung da.

Mit einer Photovoltaikanlage von 10 kW$_{peak}$ und einer Solar-Generatorfläche von etwa 90 bis 100 m² können Sie im Jahr ca. 9000 bis 10000 kWh Strom an den Netzbetreiber verkaufen.

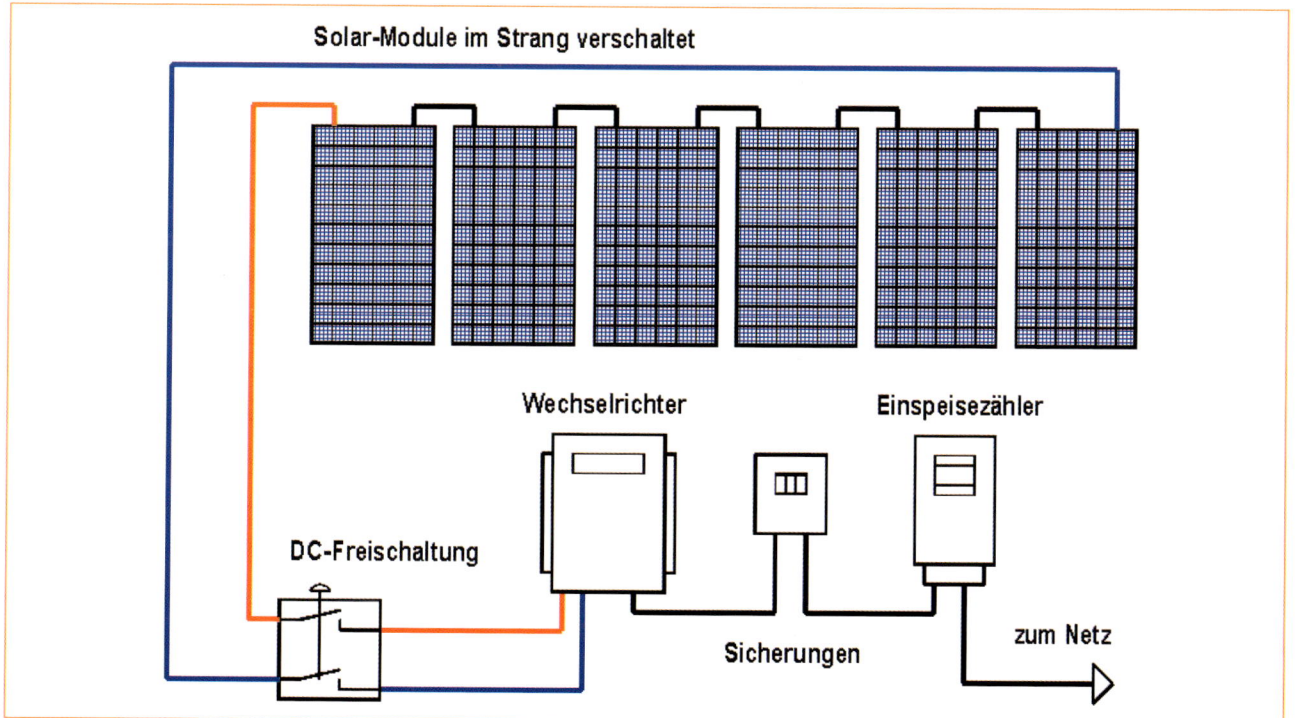

Abb. 34 – Prinzipdarstellung des Netzparallelsystems mit zu einem Strang zusammengefassten Solarmodulen (oder mehreren Strängen), dem DC-Freischalter, dem Wechselrichter, Sicherungen und dem Einspeisezähler.

2.1 Netzparallelsystem

Das technische Prinzip:

Mit (möglichst direkter) Ausrichtung zur Sonne wandeln Solarmodule die Sonnenenergie in Gleichstrom um. Um eine größere Leistung zu erzielen, werden mehrere Module (in der Regel in Reihenschaltung) zu Strings zusammengefasst. Einer oder mehrere Stränge werden an einen oder mehrere Wechselrichter angeschlossen, die den Gleichstrom in netzkonformen Wechselstrom umwandeln. Zwischen Wechselrichter und öffentlichem Stromnetz befindet sich noch ein Einspeisezähler. Mit dem Einspeisezähler wird die eingespeiste Energiemenge gemessen, dieser Wert wird zur Abrechnung und Vergütung Ihres Stromes verwendet.

Module

Es gibt unterschiedliche Technologien, die das Sonnenlicht in Strom umwandeln.

Die für Solaranlagen am häufigsten zur Verwendung kommenden Modul-Systeme werden nachfolgend dargestellt:

Module mit Siliziumzellen

Die Module bestehen aus mehreren Solarzellen (Ausnahme amorphe Module), diese lassen sich in folgende Hauptgruppen unterteilen:

● Module mit amorpher Beschichtung.
● Module mit monokristallinen Zellen.
● Module mit polykristallinen oder multikristallinen Zellen.
● Module mit Drippelzellen für besondere Anwendungen (Forschung), über 30 % Wirkungsgrad. Mehrere Zellschichten übereinander, die verschiedene Lichtspektren nutzen.

Ein Solarmodul ist aus mehreren einzelnen Zellen aufgebaut (mit Ausnahme von Dünnschichtmodulen). Die einzelnen Solarzellen werden aus blockförmigem Silizium (nach einer aufwendigen Reinigung und Bearbeitung des Rohstoffes) als dünne Scheiben hergestellt und weiterverarbeitet. Durch die Herstellung immer dünnerer Zellen wird versucht, die Kosten zu senken und den Wirkungsgrad zu verbessern.

Amorphe Solarzellen

Homogen schimmernde Solarzellenfläche, meist rötlich oder auch beige, im Alltag z. B. zu finden in Taschenrechnern, Solaruhren und Messeinrichtungen. Einfachere Herstellung im Vergleich zu den beiden unten vorgestellten Typen. Bei der Herstellung wird das Silizium direkt auf das Trägermaterial aufgedampft. Als Trägermaterial kommen meist Glas, seltener durchsichtiger Kunststoff oder spezielle Folien in Betracht.

Guter Wirkungsgrad auch bei diffusem Licht. Gesamtwirkungsgrad liegt unter dem der poly- und monokristallinen Zellen, bei durchschnittlich 10 %.

Die Leistungsfähigkeit nimmt im Laufe der Jahre ab – Haltbarkeit und Leistungsgarantie betragen meist 10 bis 25 Jahre. Aufgrund des geringeren Wirkungsgrades sind größere Einzelmodule und Flächen erforderlich. Die Module sind in der Regel intern auf Betriebsspannung verschaltet.

Die Energieamortisation, d. h. der Zeitraum, bis die zur Herstellung aufgewendete Energie wieder von der Sonne geerntet werden kann, liegt unter einem Jahr.

Weitere Vorteile von amorphen Modulen sind neben dem günstigen Preis auch eine geringere Empfindlichkeit gegenüber Teilverschattungen und guter Ertrag bei diffusem Licht.

2.1 Netzparallelsystem

Abb. 35 – Amorphes Solarmodul.

Abb. 36 – Polykristalline Solarzellen.

Bei Verwendung von Dünnschichtmodulen ist darauf zu achten, dass der ausgewählte Wechselrichter dafür geeignet ist. Wechselrichter mit Trafo sind in der Regel unproblematisch. Trafolose Wechselrichter können zu einer schnelleren Alterung der Dünnschichtmodule führen.

Poly- oder multikristalline Solarzellen
Bläuliche, glimmerartige, aus willkürlichen Kristallstrukturen (in den unterschiedlichsten Richtungen) be-
stehende Oberfläche. Häufigste Zellenart, da das Preis-Leistungs-Verhältnis am günstigsten. Herstellung aufwendiger als bei amorphen Zellen ist. Das Siliziumrohmaterial wird in rechteckige Blöcke gegossen, die in 0,2 bis 0,5 mm dicke Scheiben zersägt werden. Die Oberfläche wird dotiert, d. h. gezielt verunreinigt, um die negative Schicht (obere Seite) zu erhalten. Zur Abnahme des Stromes benötigt man Leiterbahnen. Silizium ist von Natur aus matt-silberfarben, doch die Oberfläche wird in der Regel dunkelblau gefärbt, damit das Licht besser absorbiert wird.

Wirkungsgrad ca. 11 bis 15 %. Haltbarkeit über 30 Jahre, Leistungsgarantie 20-30 Jahre. Energieamortisation 1 bis 4 Jahre.

Monokristalline Solarzellen
Bläuliche, homogene Oberfläche, die Kristalle liegen im Bereich von Tausendstel Millimetern und sind mit dem bloßen Auge nicht zu erkennen. Herstellung aufwendig, z. B. Tiegelziehverfahren mit quadratischen

2.1 Netzparallelsystem

Abb. 37 – Monokristalline Solarzellen.

und rechteckigen Stangen (früher rund). Der weitere Herstellungsprozess entspricht dem der poly- und multikristallinen Solarzellen. Haltbarkeit und Leistungsgarantie ähnlich wie bei den polykristallinen Zellen. Sonderformen: hochkantig, eingefräste Leiterbahnen (Rechen), damit mehr aktive Zellenoberfläche bei gleichzeitig guter Leitfähigkeit erreicht wird. Wirkungsgrad 13,5 bis 18 %. Energieamortisation 2 bis 6 Jahre.

Die Modulausführungen sind unterschiedlich, z. B. Glas-Glas, Glas-Folie, mit Rahmen oder rahmenlos.

Meist sind die Solarzellen in einen speziellen Kunststoff (Modul-Laminat) eingebettet und mit einer frontseitigen Abdeckung aus hochtransparentem Glas ausgestattet. Wichtig sind: UV-Stabilität, Schutz vor Feuchtigkeit und Temperaturstabilität (thermische Ausdehnung). Damit möglichst viele Module in Reihe verschaltet werden können, sollte die Spannungsfestigkeit (Systemspannung) mindestens 750 Volt oder mehr betragen. Außerdem muss der Modulrahmen verwindungssteif sein, damit die Zellen bzw. die Verbindungen bei mechanischer Belastung nicht brechen.

Demgegenüber gibt es auch flexible Module, die sich besonders gut für den mobilen Einsatz und spezielle Dachformen eignen.

Moduldaten
Je nach Verwendungszweck gibt es verschiedene Modulgrößen mit Leistungen von 5 W bis über 250 Wpeak. Die Modul-Nennspannungen sind 12 Volt, 24 Volt und größer. Für den Einspeisebetrieb werden Module ab 24 Volt Nennspannung verwendet. Die Leerlaufspannung eines Moduls mit 24 Volt Nennspannung kann bis zu ca. 40 Volt betragen (je nach Anzahl der Solarzellen pro Modul). Der optimale Leistungspunkt des Moduls ist ein Produkt aus Spannung und Strom und wird mit Umpp/Impp angegeben (U = Spannung beim maximalen Leistungspunkt, I = Strom beim maximalen Leistungspunkt). Leerlaufspannung und Kurzschlussstrom für sich gemessen sind jeweils höher.

Bei größeren PV-Anlagen mit einer großen Anzahl von Modulen ist es sinnvoll, Module mit annähernd gleicher Leistung zu einem Strang zusammenzufassen. Dieses Auswahlverfahren wird „Matchen" genannt. Die Modulleistungsangabe finden Sie in der den Modulen beigefügten Liste, in der die Module mit Seriennummern und den gemessenen Leistungsdaten aufgeführt sind. Bei den Matches werden aus allen gelie-

> **Mein Tipp**
>
> Beim Auswählen der Module sollten Sie unbedingt auf die Angabe der Leistungstoleranzen achten. Diese wird angegeben mit +/– und %. Als Beispiel: Ein Modul mit 155 W und +/–3 % Toleranz kann eine Leistungstoleranz von 150 W bis 160 W haben. Oft hat es dann leider nur 150W, was bei dieser Angabe zulässig wäre.

2.1 Netzparallelsystem

ferten Modulen möglichst gleiche Leistungswerte zusammengeführt. Praktisch sieht dies dann so aus, dass eine Person die Seriennummern mit den Leistungswerten durchsieht und eine zweite die den Leistungen gleichwertigen Module auf verschiedene Stapel sortiert. Zuletzt werden daraus die Stränge gebildet.

Verschaltung der Module
Module können untereinander sowohl in Reihe als auch parallel verschaltet werden. Bei einer Reihenschaltung erhöht sich die Spannung bei gleich bleibendem Modulstrom. Durch komplette Verschattung eines Moduls würde der Stromfluss unterbrochen. Damit die Beschattung in der Praxis weniger schlimme Folgen hat, werden Schottkydioden so ins Modul eingebaut, dass der größte Anteil des Stromes bei einer Beschattung am Modul vorbeigeleitet wird. Diese Dioden werden deshalb auch als „Bypassdioden" bezeichnet. Die Reihenschaltung von Modulen als Strang mit einer Spannung von z. B. 720 Volt finden wir bei Anlagen im Netzparallelbetrieb. Die Anzahl der Module in einem Strang ist durch den maximalen Anschlusswert des Wechselrichters (auf der Gleichstromseite) und die maximale Systemspannung der Module definiert.

Werden Module parallel verschaltet, so bleibt die Spannung gleich und es erhöht sich der Strom. Diese Anwendung ist z. B. im Inselbetrieb mit einer Systemspannung von 12 oder 24 Volt sinnvoll. In der Parallelverschaltung können später weitere Module zur Erhöhung des Ladestromes hinzugefügt werden.

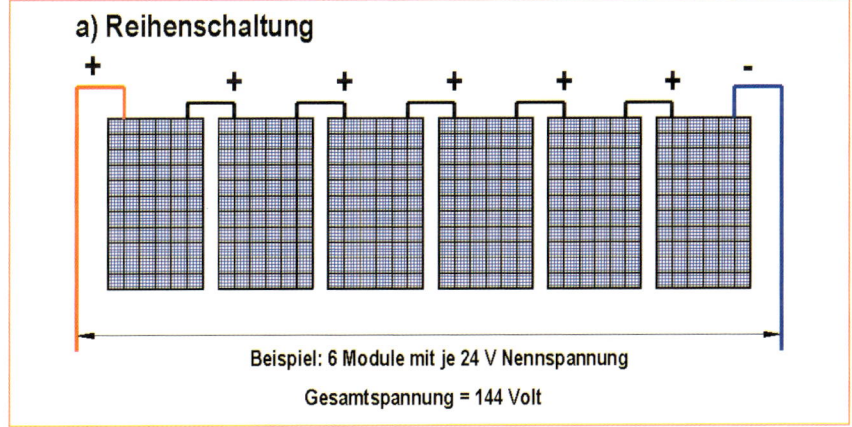

a) Reihenschaltung

Beispiel: 6 Module mit je 24 V Nennspannung
Gesamtspannung = 144 Volt

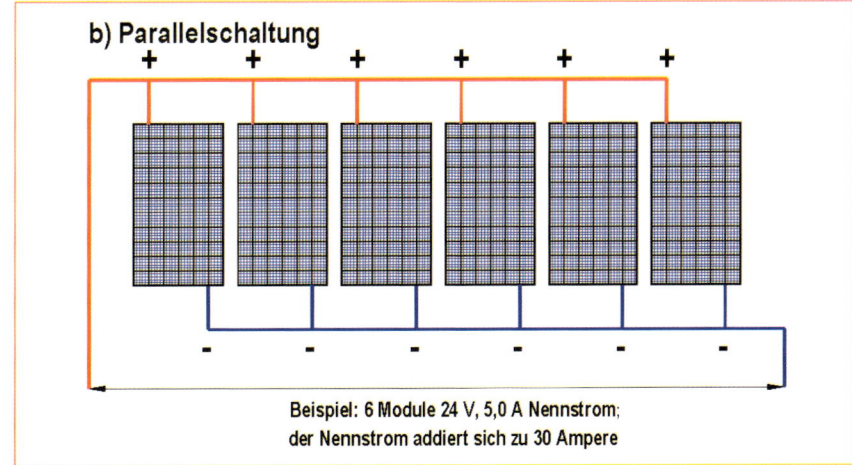

b) Parallelschaltung

Beispiel: 6 Module 24 V, 5,0 A Nennstrom;
der Nennstrom addiert sich zu 30 Ampere

Abb. 38 – a) Reihenschaltung: Der Nennstrom bleibt gleich, die Nennspannung erhöht sich mit der Anzahl der Module. **b)** Parallelschaltung: Die Nennspannung bleibt gleich, der Nennstrom erhöht sich um die Anzahl der Module.

2.1 Netzparallelsystem

Module aus anderen Grundstoffen

Durch die zunehmende Vermarktung von Photovoltaik auf der ganzen Welt wurde das Rohprodukt Silizium Anfang dieses Jahrtausends knapp und damit teurer. Es wurden zahlreiche Materialien gesucht und gefunden, die eine kostengünstigere Solarzellenproduktion möglich machen sollen. Einige davon sind hier aufgeführt. Bisher kann darüber jedoch keine Euphorie aufkommen. Alltagstauglich sind derzeit die CIS-Module, die (neben Ankündigungen einiger japanischer Hersteller) seit 2007 von der Firma Würth-Solar produziert werden (Adresse und Link

siehe Anhang). Die wesentlichen Alternativen in der Übersicht:

- Graetzelzelle, sehr preiswert und viel versprechend. Problem: bisher geringe Beständigkeit der Leistungsabgabe.
- CIS-Technologie (Kupfer-Indium-(Gallium)-Diselenid), sehr viel versprechend. Zellenwirkungsgrad von über 20 % (Labor), Modulwirkungsgrade > 11%.
- CdTe-Zellen (Cadmium-Tellurid), bisher Produktion in USA.

Im Moment gibt es leider noch keinen großen Durchbruch zu richtig günstigen Alternativen.

Unterkonstruktion

Die unterschiedlichen Möglichkeiten zur Montage der Unterkonstruktion werden weiter unten im Kapitel „Montage der Solaranlage" entsprechend den baulichen Vorgaben beschrieben.

Netzeinspeisegeräte, Wechselrichter

Bei Netzeinspeisegeräten, hier als Wechselrichter bezeichnet, gibt es unterschiedliche Systeme und Konzepte zur Umwandlung des solaren Gleichstromes in netzkonformem Wechselstrom. Grundsätzlich ist eine galvanische Trennung zwischen dem solaren Gleichstrom und dem Netzwechselstrom erstrebenswert. Dies bedeutet, dass keine leitende Verbindung zwischen Gleichstromquelle und Wechselstromkreis bestehen sollte. Je nach Hersteller gibt es Wechselrichtersysteme mit Trafo-, trafoloser oder Hochfrequenzübertragung. Die Anforderungen, die der Netzbetreiber an das vom PV-Anlagenbetreiber gelieferte Produkt „Strom" stellt, sind bezüglich der Sicherheit und Stabilität der Spannung und der Qualität des Stromes sehr hoch. Diese Anforderungen hat der Wechselrichter zu erfüllen, um die allgemeine Betriebserlaubnis zu bekommen und damit an das öffentliche Netz angeschlossen werden zu dürfen.

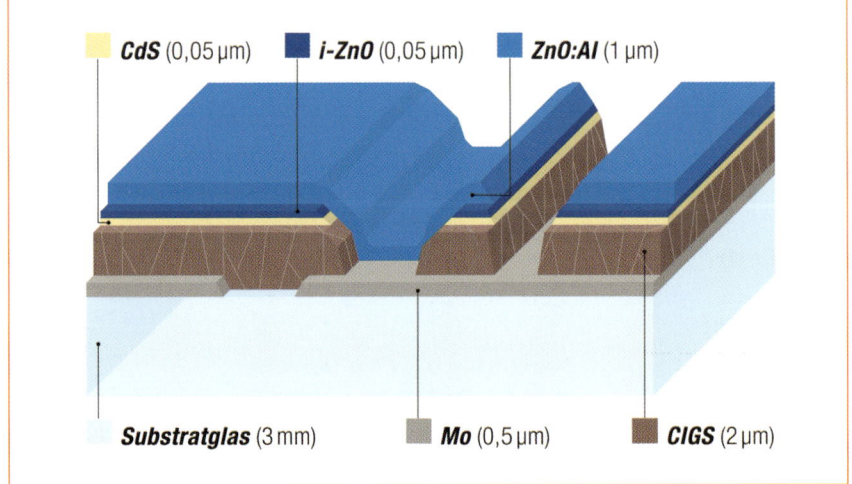

Abb. 39 – CIS-Technologie. Quelle (7)

2.1 Netzparallelsystem

Grundsätzliche Kriterien und Eigenschaften von Wechselrichtern sind:

- Netzüberwachung (z. B. ENS) und Abschaltung im Fehlerfall, bei Netzfehlern bzw. bei Netzabschaltung,
- Geringer Eigenstromverbrauch (aus dem PV-Gleichstromkreis)
- Störungsarmer Betrieb,
- Geringe Emissionen bezüglich Hochfrequenz und Geräusche.

Des Weiteren gibt es die Wechselrichter mit unterschiedlichen Eigenschaften, um sie optimal an den Solargenerator (Solargenerator = alle Modulstränge zusammengefasst) anzupassen und einen sinnvollen Betrieb zu gewährleisten, wie z. B.

Hohe Effizienz (guter Wirkungsgrad)

Der Wirkungsgrad eines Wechselrichters ist abhängig von der verwendeten Technik, von den Umgebungsbedingungen, aber auch vom Energieangebot des Solargenerators. Im Handel erhältliche Wechselrichter haben einen Wirkungsgrad von mindestens 90 % bis zu derzeit 96 %, wenn mehr als 10 % der angegebenen Nennleistung verarbeitet werden.

Leistungsangabe, Nennleistung

Die Leistungsangabe eines Wechselrichters wird in kW Nennleistung angegeben. Da der Solargenerator die angegebenen kWpeak-Werte nur bei optimalen Bedingungen erreicht (die eher selten sind), ist es üblich, beim Einsatz der Wechselrichter über deren Nennleistung zu gehen (z. B. 105 %). Konkret: Ein Solargenerator mit insgesamt 24,7 kWpeak wird an mehrere Wechselrichter mit einer Nennleistung von insgesamt 22,5 kW Nennleistung angeschlossen (4 x 5 kW und 1x 2,5 kW). Es wird also eine vorübergehende geringfügige Überlastung der Wechselrichter in Kauf genommen (bei extremer Solarstrahlung), um diese im überwiegenden Betrieb bei normaler Solarstrahlung in einem besseren Wirkungsgradbereich (Auslastung) zu betreiben.

Anschluss Modulstränge, Anzahl

Es gibt Strangwechselrichter mit nur einer Eingangsstufe. Daran können zwar mehrere Modulstränge angeschlossen werden, in-

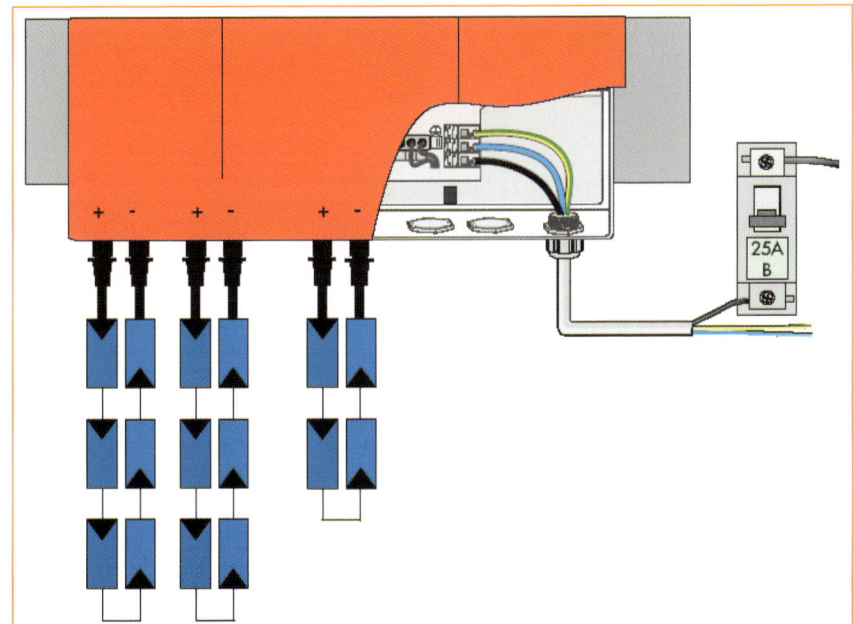

Abb. 40 – Prinzipschaltbild Anschluss an Multistrangwechselrichter. Von den drei angeschlossenen Strängen hat einer weniger Module im Strang als die beiden anderen. Quelle (3)

2.1 Netzparallelsystem

tern sind diese dann aber parallel zusammengeführt. Hier müssen alle Stränge die gleichen Spannungswerte und die gleiche Besonnung haben, sonst bestimmt der schwächste Strang die Ernte.

Bei einer Nennspannung eines Moduls von 24 Volt beträgt die Leerlaufspannung des Moduls bis zu 40 Volt. Werden Module als Strang in Reihe geschaltet, ist die maximale Systemspannung zu beachten (Beispiel 750 Volt). Die Gesamt-Leerlaufspannung des Stranges muss unter der Systemspannung liegen!

Bei unterschiedlichen Strängen empfiehlt es sich, den Multistrangwechselrichter zu verwenden. Hier besteht die Anschlussmöglichkeit mehrerer Modulstränge mit einer unterschiedlichen Anzahl von Modulen (in Reihen-

schaltung) und damit unterschiedlichen Spannungen bzw. unterschiedlicher Besonnung auf die Stränge.

Multistrangwechselrichter besitzen mehrere Eingangsstufen, über die die einzelnen Stränge mit dem MPP (Maximum-Power-Tracker) unabhängig bearbeitet und optimal angepasst werden.

Master-Slave-Prinzip
Um mit der Leistungsabgabe des Solargenerators die Wechselrichter optimal auszulasten, gibt es die Möglichkeit, mehrere Wechselrichter im „Master-Slave-Prinzip" zu koppeln.

Zunächst wird bei geringerer solarer Einstrahlung der Gleichstrom von einem Wechselrichter (dem Mas-

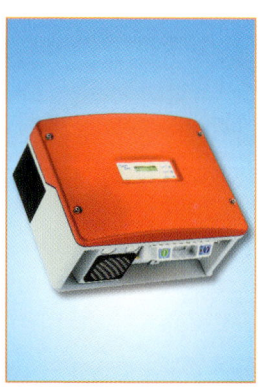

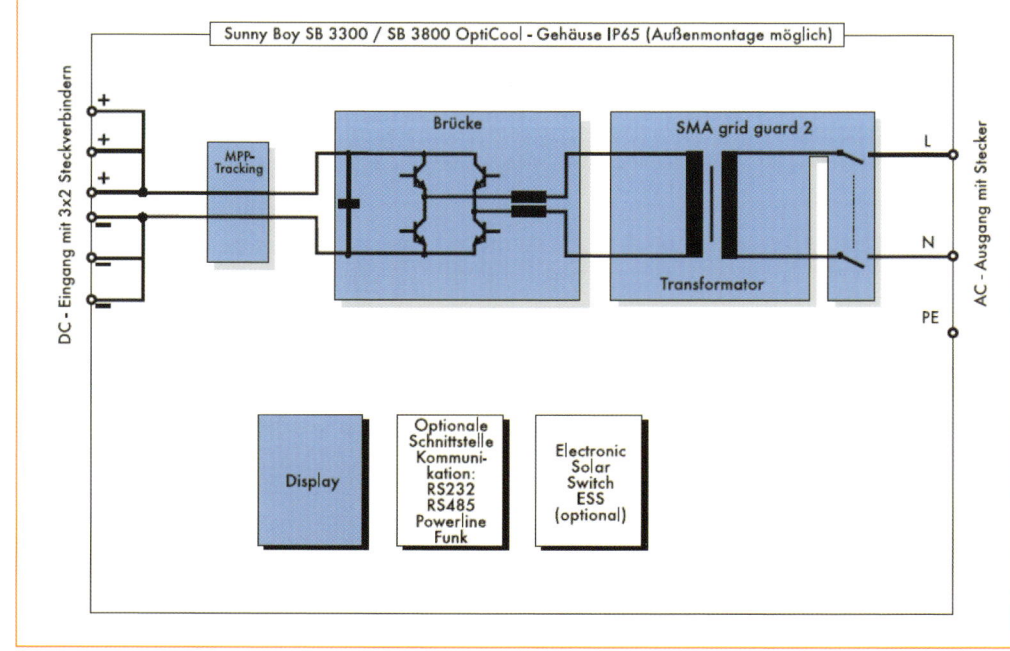

Abb. 41 – Wechselrichter Sunny Boy SB 3300 / SB 3800 (Außenmontage möglich), Nennleistung bis 4 kW und Blockschaltbild mit Trafo. Quelle (3)

2.1 Netzparallelsystem

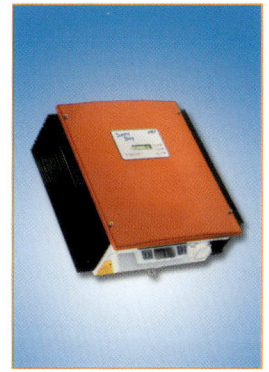

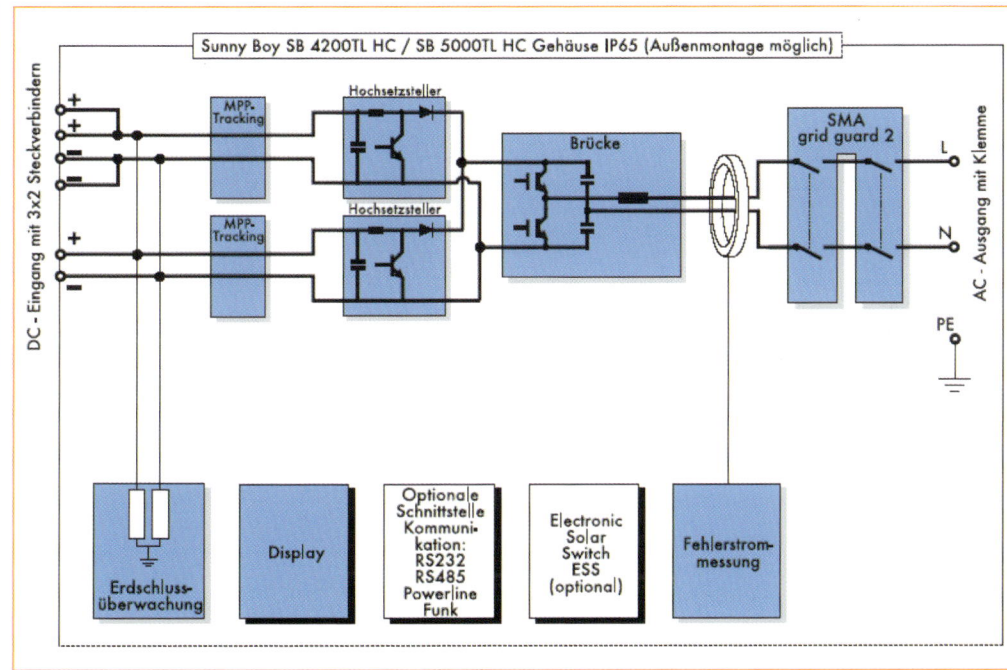

Abb. 42 – Wechselrichter Sunny-Boy SB 4200TL / SB 5000TL (Multi-String), transformatorloser Solarwechselrichter für drei unabhängige PV-Strings (siehe Blockschaltbild). Quelle (3)

ter) bearbeitet, bei höherer Einstrahlung und damit höherer Leistung des Solargenerators werden dann weitere Wechselrichter (Slaves) vom Masterwechselrichter dazugeschaltet.

Verkabelung

Die gleichstromseitige Verkabelung zur Verbindung der Module untereinander und der Verbindung der Stränge mit dem Wechselrichter ist auf dem Dach der Witterung direkt ausgesetzt. Sonne, Wind, Regen und Schnee wirken 20 bis 30 Jahre lang auf die Kabel ein. Deshalb sollten diese, wo immer möglich, in den Aluminiumprofilen oder in Kabelkanälen verwahrt und

eingebunden sein. Grundsätzlich hat die Verkabelung einige Bedingungen zu erfüllen:

- Die Kabel müssen UV- und ozonbeständig sein.
- Der Querschnitt (mm²) sollte so sein, dass die Leitungsverluste unter 1 % liegen (in der Regel 2,5 bis 4 mm², abhängig von der Leistung und der Kabellänge).
- Die Isolation um den Leiter hat doppelt zu sein (für den Kurzschlussfall).
- Die Verbindungen sollten zugfest und korrosionsbeständig sein.

2.1 Netzparallelsystem

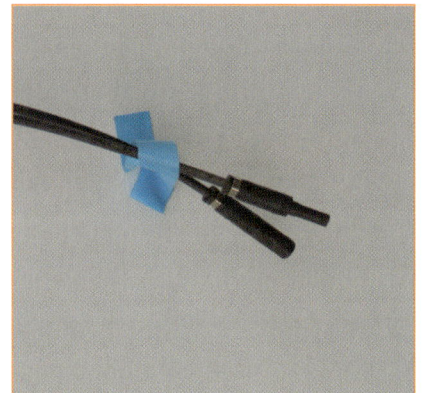

Abb. 43 – MC-Stecker zur Verbindung der Module untereinander.

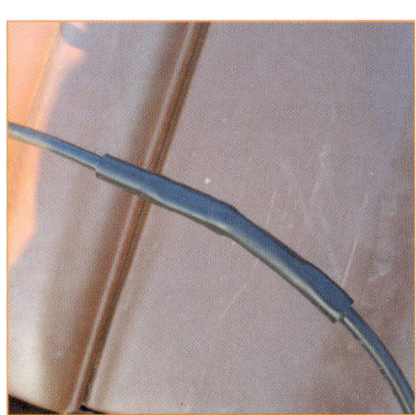

Abb. 44 – Elektrische Kabelverbindung des Modulstranges zum Wechselrichter mit einem Quetschverbinder und Schrumpfschlauch als zusätzlichem Schutz. Achtung, der Schrumpfschlauch muss übergezogen werden, bevor die beiden Kabelenden mit dem Quetschverbinder zusammengefügt werden.

Die Verbindung der Module untereinander kann mit den an den Modulen befindlichen Kabelstücken und den daran angebrachten Steckern und Buchsen problemlos hergestellt werden.

Sie sollten auf eine gute Steckverbindung achten! Die Stecker und Buchsen müssen so einrasten, dass sie nicht mehr auseinandergezogen werden können. Stecker und Buchsen sind eindeutig dem Pluspol und dem Minuspol zugeordnet und dürfen im Stringsystem nicht vertauscht werden.

Bevor Sie mit der Verkabelung beginnen, ist es hilfreich, wenn Sie sich einen Verdrahtungsplan machen, in dem die Solarstränge, bestehend aus den Modulen, eingezeichnet werden. Die Planung sollte berücksichtigen, wo zu einer be-

stimmten Tageszeit evtl. Schatten hinfällt und welche Stellen erst später von der Sonne beschienen werden. Auch sollten die Kabellängen der einzelnen Stränge möglichst ähnlich sein. Gleich besonnte/beschattete Module sollten, wenn

möglich, in einem Strang zusammengefasst werden.

Die Kabel sind bereits auf dem Dach bei der Montage der Module eindeutig zu markieren: String 1+, String 1–, String 2+, String 2– usw. Wenn Sie mit dem Kabelbündel beim Wechselrichter stehen, könnte es ansonsten Schwierigkeiten mit der Zuordnung geben. Die Polarität lässt sich mit einem Multimeter noch herausfinden. Die Zuordnung bei mehreren Strängen (oder Strings) wird dann aber schon zum Kniffelspiel. Auch ist es gut, bei mehreren Strängen nach System vorzugehen. Zuerst String 1 fertig verdrahten, dann Nr. 2 usw.

DC-Freischaltung

Seit Juni 2006 ist für PV-Anlagen ein DC-Freischalter zwischen dem Solargenerator und dem Einspeise-wechselrichter vorgeschrieben (siehe DIN VDE 0100-712). Dieser ermöglicht die Unterbrechung des vom Solargenerator kommenden Stromes. Für Anlagen, die vor 2008 an das Netz gehen, gilt eine Übergangsfrist. Während dieser Frist muss der Solargenerator zwar freischaltbar sein, die Freischaltung könnte jedoch auch über die Trennung der Steckverbindungen am Wechselrichter erfolgen, wovon ich im Betrieb dringend abraten möchte (solange dort Strom fließt!). Das Gefahrenpotenzial der harmlos erscheinenden PV-Module als Gleich-

> **Gefordert ist bei der Freischaltung:**
>
> Eine sichere allpolige Trennung des PV-Generators vom Wechselrichter

stromquelle wird häufig, selbst von erfahrenen Handwerkern, unterschätzt. Der manchmal zu beobachtende kleine Funke beim Einstecken eines Netzsteckers (Notebook, TV, usw.) würde sich in einem Gleichstromnetz vor allem beim Ausstecken (Trennfunke) zu einem kräftigen Lichtbogen ausbil-

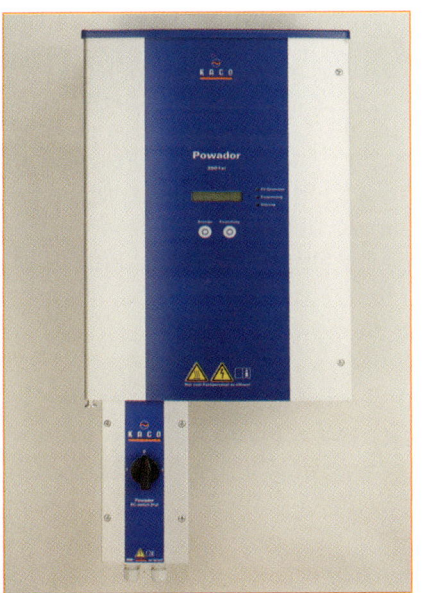

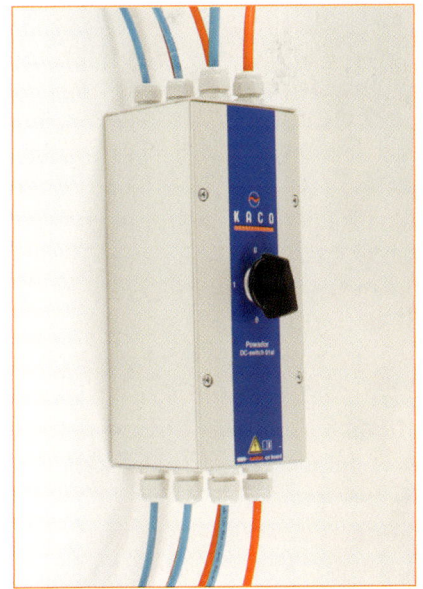

Abb. 45 – a) Beispiele für externe DC-Lasttrenn-Schalter für alle trafolosen Powador-Wechselrichter der Fa. Kaco. Die Wandmontage (z. B. unterhalb des Wechselrichters) kann auch im geschützten Außenbereich erfolgen (Schutzart IP54). **b)** DC-Freischalter der Serie 00xi: 1000 VDC. Quelle (6). **c)** Typ 01xi wie zuvor, jedoch für bis zu fünf Stränge. Quelle (6)

2.1 Netzparallelsystem

den. Immerhin haben wir es bei Netzeinspeiseanlagen mit Gleichspannungen von meist über 500 Volt und Strömen von einigen Ampere zu tun.

Für die DC-Freischaltung sind folgende Varianten möglich:

- ein externer DC-Lasttrenner, der zwischen Solargenerator und Wechselrichter geschaltet wird,
- ein in den Wechselrichter integriertes Trennrelais (bei Multistringwechselrichter zu finden),
- ein unter Last betätigbarer PV-Steckverbinder mit Trennelektronik.

Ein Beispiel eines externen DC-Trennschalters aus dem Hause Kaco, der sich eignet, den Solargenerator elektrisch vom Wechselrichter zu trennen, auch wenn dieser noch in Betrieb ist, sehen Sie in Abb. 45. Seine Aufgabe ist die Freischaltung des angeschlossenen PV-Generators mit allen Strängen im Falle eines Serviceeinsatzes. Der Schalter ist so konzipiert, dass der Wechselrichter auch im Nennlastbetrieb oder Kurzschlussfall sicher vom Photovoltaik-Generator getrennt werden kann.

Eine gute Lösung hat auch die Firma SMA mit einem unter Last betätigbaren PV-Steckverbinder entwickelt. Beim sogenannten ESS (Electronic Solar Switch) wird mittels einer parallel angeordneten Elektronikschaltung die Trennung der PV-Stecker unter Last möglich. Die Schaltung versorgt sich aus der Spannung über den Kurzschlussstecker und ist getrennt und unabhängig von der Elektronik des Gerätes. Da der Kurzschlussstecker nur im Falle einer Freischaltung (Herausziehen der Stecker) betätigt wird, nutzen sich die Kontakte im Betrieb nicht ab und die verursachten Verluste sind gering.

Dieses Konzept erscheint installationsfreundlich und erhöht die Sicherheit beim „intuitiven Freischalten" durch das Steckerziehen.

Wichtiger Hinweis

Sämtliche herkömmlichen Gleichstrom-Steckverbinder dürfen jedoch ausschließlich lastlos betätigt werden und sind nicht dazu geeignet, einen über den Stecker fließenden Gleichstrom zu trennen, ohne dabei beschädigt zu werden.

Überwachung

Eine Photovoltaikanlage ohne Leistungsüberwachung ist wie ein Auto ohne Tacho! Es fährt zwar, aber der Fahrer weiß nicht, wie schnell und wie weit. Die Betreiber vieler Photovoltaikanlagen bemerken erst am Ende des Jahres, wenn sie die Abrechnung der Einspeisevergütung überprüfen, dass die Anlage einen Defekt hat. Dann ist meist schon sehr viel Zeit vergangen und die erhoffte Ernte verloren.

Es gibt zwar ein rotes Lämpchen, das die Störung des Wechselrichters anzeigt, dieser ist aber meist an einem Platz montiert, auf den sie nicht jeden Tag schauen.

Die übliche und in der Regel bei jedem Wechselrichter verfügbare Überwachung ist die über verschiedenfarbige LEDs, welche die Betriebszustände anzeigen. Eingebaute Displays sind aussagekräftiger und zeigen außerdem die konkreten Leistungswerte bzw. eine entsprechende Störung an, aber eben meist auch nur im Keller.

Sinnvoll, vor allem bei größeren Anlagen, sind Leistungsüberwachungen mit Daten-Schnittstellen und Datenloggern. Werte werden ausgelesen, gespeichert und verglichen und bei fehlerhaften Parametern wird der Betreiber gewarnt.

Die Warnung kann dann z. B. drahtlos über das Mobiltelefon (SMS) oder eine Mailbox erfolgen. Oder ein entsprechendes Anzeigegerät kann an einem auffälligen Platz angebracht werden, z. B. im Wohnzimmer.

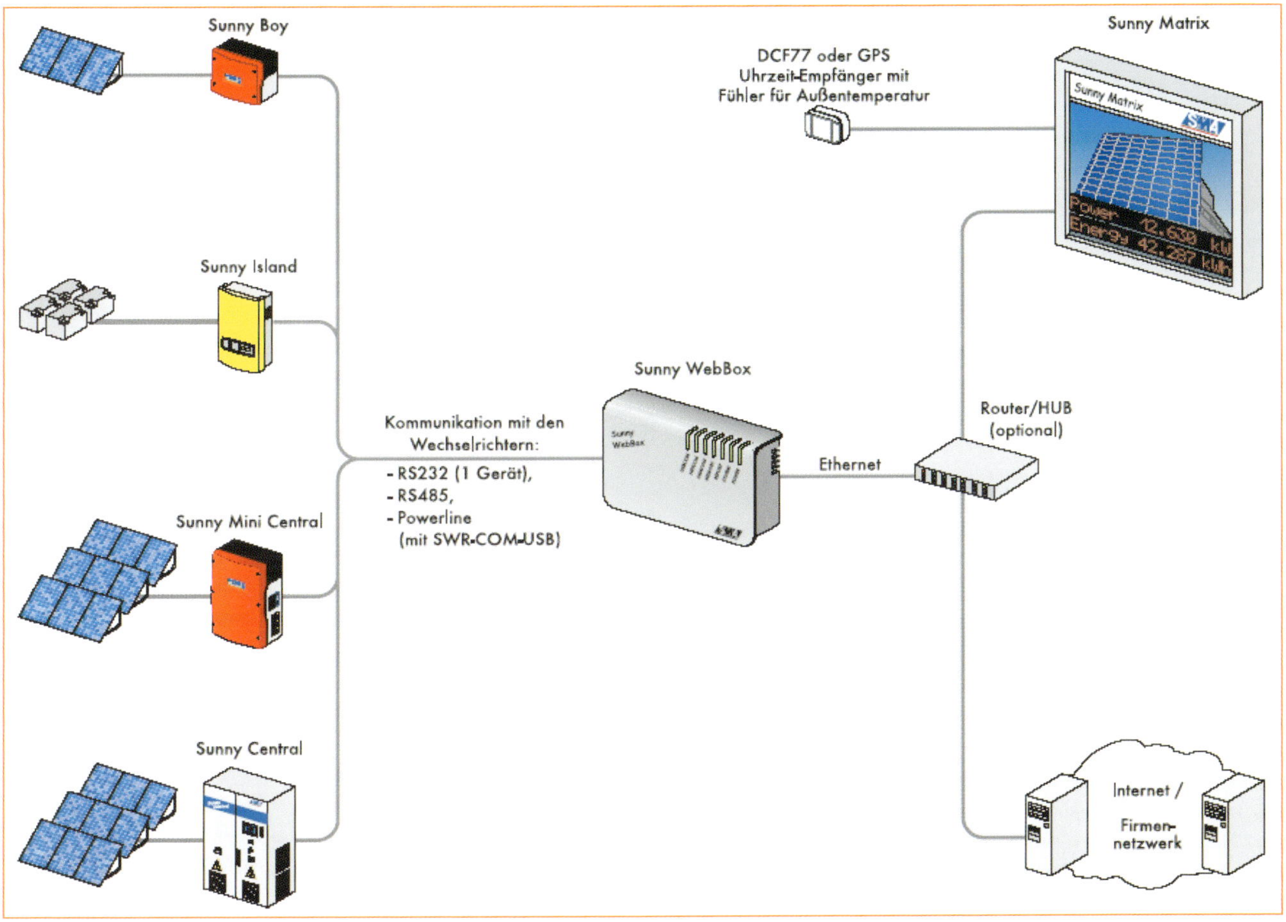

2.1 Netzparallelsystem

Sunny Boy

DCF77 oder GPS
Uhrzeit-Empfänger mit
Fühler für Außentemperatur

Sunny Matrix

Sunny Island

Sunny WebBox

Kommunikation mit den
Wechselrichtern:

- RS232 (1 Gerät),
- RS485,
- Powerline
  (mit SWR-COM-USB)

Router/HUB
(optional)

Ethernet

Sunny Mini Central

Sunny Central

Internet /
Firmen-
netzwerk

Abb. 46 – Prinzip der Fernüberwachung. Die von den Wechselrichtern kommenden Daten werden von der WebBox gespeichert und über einen Router oder über das eingebaute Modem weitergeleitet. Vorteil: Bei Störungen können Sie oder auch der Installateur eine Mail oder eine SMS erhalten. Quelle (3)

Abb. 47 – Fernüberwachung sunny-Boy Control. Die Daten der Solaranlage können entweder direkt auf Ihrem PC oder via Internet über das Sunny Portal abgerufen werden. Quelle (3)

2.1 Netzparallelsystem

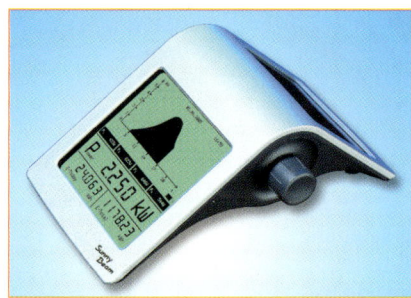

Abb. 48 – Sunny Beam mit drahtlosem Kontakt zu den Wechselrichtern. Sofort nach dem Netzanschluss der Solaranlage können Sie hiermit drahtlos alle Anlagenwerte bequem vom Wohnzimmer aus überwachen. Die Stromversorgung des Sunny Beam erfolgt durch eine Solarzelle auf der Rückseite des Gerätes. Quelle (3)

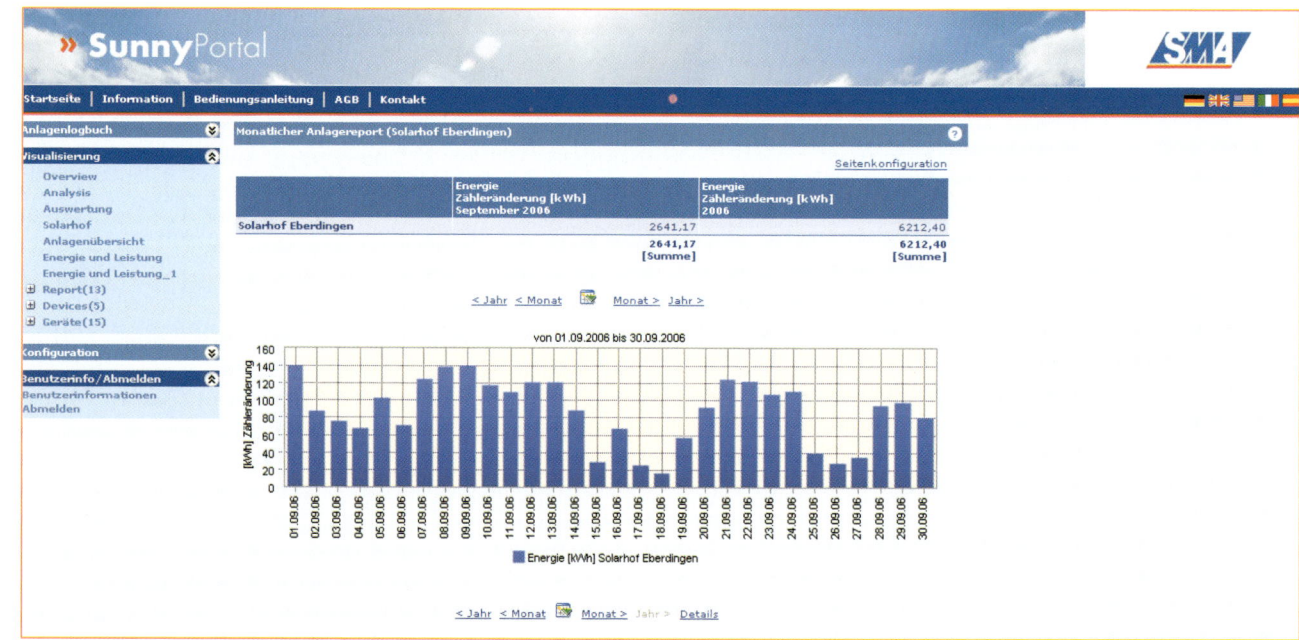

Abb. 49 – Grafik aus der über das Internet abrufbaren Fernüberwachung (Sunnyportal), Überwachungsgegenstand ist die weiter oben beschriebene PV-Anlage mit 24,7 kWpeak. Quelle (3)

2.1 Netzparallelsystem

Mein Hinweis

Eine Leistungseinbuße muss nicht immer durch einen technischen Defekt hervorgerufen werden, manchmal reichen auch ein paar Blätter auf den Modulen!

Fernüberwachung

Eine weitere Steigerung ist ein Abgleich mit bezüglich Anlagengröße und Standort vergleichbaren Anlagen, der über das www (world wide web) ständig und automatisch durchgeführt wird. Die Warnmeldung bei einer Störung oder nicht direkt nachvollziehbaren vorübergehenden Leistungseinbuße kann dann auch über SMS oder Mail erfolgen.

Netzanschluss

Der von der Photovoltaikanlage aus dem Sonnenlicht gewonnene Strom wird über einen separaten Zähler, den Einspeisezähler, in das öffentliche Netz abgegeben. Der Zähler kann geliehen oder auch gekauft werden. Ich empfehle den Kauf eines gebrauchten und geprüften Zählers. Für den Fall, dass im hauseigenen Zählerkasten genügend Platz vorhanden ist, kann der Rückspeisezähler dort mit eingebaut werden. Wenn nicht, muss ein zusätzlicher, neuer oder auch gebrauchter Zählerkasten gesetzt werden, der den Bestimmungen des Energieversorgungsunternehmens entsprechen muss.

Die erforderlichen Kosten für den direkten Netzanschluss einschließlich Einspeisezähler trägt der Anlagenbetreiber, also Sie.

Der Netzanschluss an den Einspeisezähler muss von einem autorisierten (vom Energieversorgungsunternehmen zugelassenen) Elektroinstallateur durchgeführt werden.

Abb. 50 – Einspeisezähler und Sicherungen, die Übergabestelle zum öffentlichen Netz.

2.2 Netzunabhängiges Inselsystem

Wie schon weiter oben angedeutet, besteht der wesentliche Unterschied zu Netzeinspeisesystemen darin, dass beim netzunabhängigen System keine Verbindung zum öffentlichen Stromnetz erforderlich ist. Für die Speicherung der Sonnenenergie, also des elektrischen Stromes, benötigt man dann aber einen Akku. Der Strom wird direkt oder zeitlich versetzt aus dem Speicher im Haushalt verbraucht. Damit funktionieren diese Systeme zum einen in Bereichen, in denen kein Stromnetz existiert, wie z. B. außerhalb von Siedlungen. Es sind aber auch Stromversorgungen parallel zum und unabhängig vom öffentlichen Netz möglich. Dafür gibt es zahlreiche sinnvolle Anwendungen: Denken Sie nur an eine mit Solarstrom versorgte Hausnummernbeleuchtung, die an der Außenwand völlig autark und ohne Leitungsverlegung funktionieren kann.

Solarmodule

Die Module für autonome, vom Netz unabhängige Systeme unterscheiden sich von denen im Netzeinspeisesystem grundsätzlich nicht. Bei einem Inselsystem werden möglicherweise kleinere Module mit geringerer Spannungsfestigkeit (Systemspannung) verwendet.

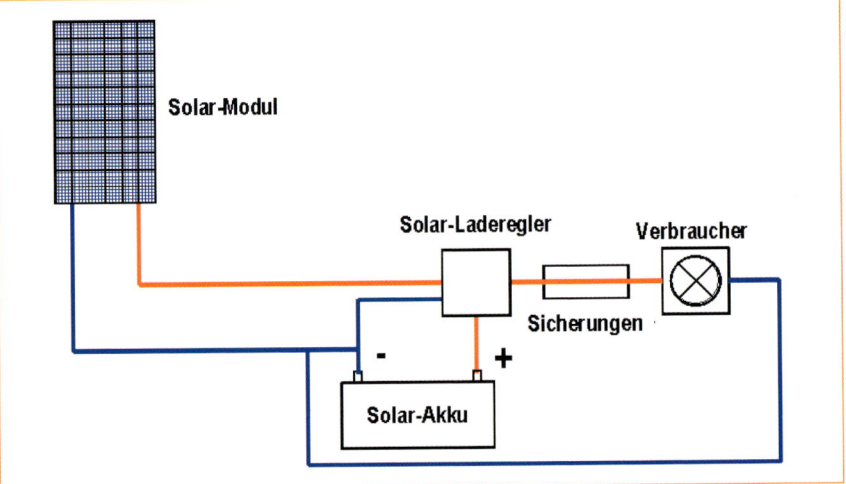

Abb. 51 – Prinzip des solaren Inselsystems, bestehend aus Solarmodul, Solar-Laderegler, Solarakku, Sicherungen und Verbrauchern, wie z. B. Beleuchtung, Kühlschrank und Radio. Die roten Leitungen sind der Pluspol, die blauen der Minuspol.

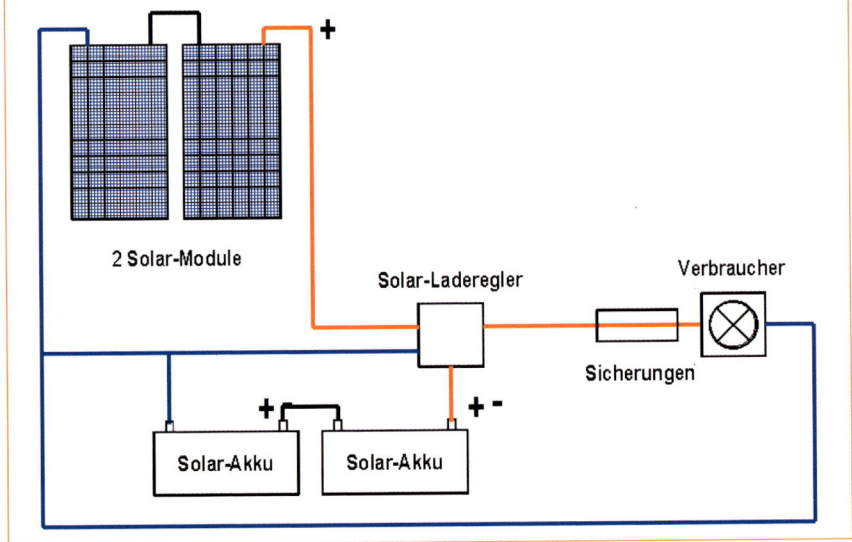

Abb. 52 – Verschaltung von zwei Solarmodulen mit je 12 V in Serie für 24 V (oder auch zwei Module mit 24 V in Serie für 48 V). Bei 48 V benötigt man auch einen für die Spannung geeigneten Solar-Laderegler und vier Akkus.

2.2 Netzunabhängiges Inselsystem

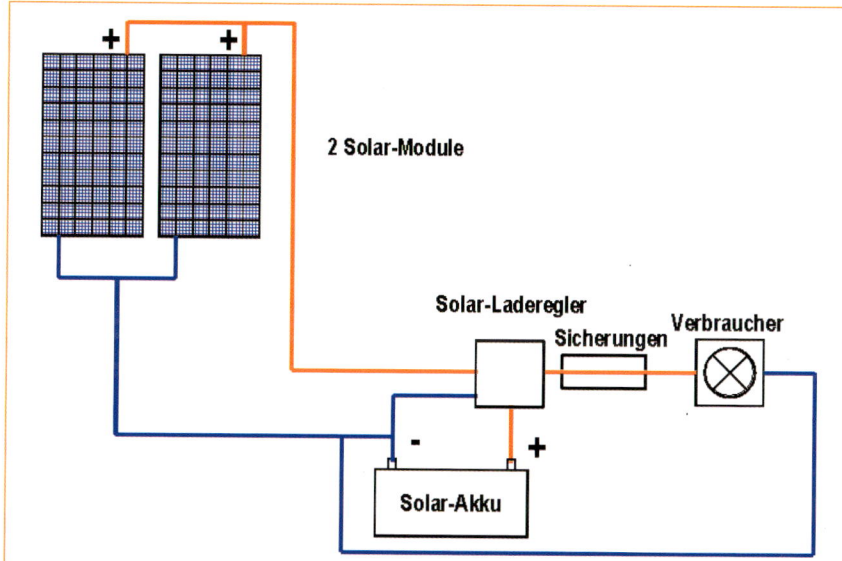

Abb. 53 – Verschaltung der Solarmodule parallel zur Erhöhung des Lade-stromes. Der Solar-Laderegler muss so gewählt werden, dass er den höheren Ladestrom verarbeiten kann. Bei zwei Modulen mit einem maximalen Strom von 5 Ampere sind das immerhin 10 Ampere Ladestrom.

Zusätzliche Funktionen sind je nach Ausstattung des Ladereglers ver-fügbar, z. B.:

- Temperaturnachführung,
- Tiefentladeschutz und/oder Tiefentladeabschaltung,
- manuelle oder automatische Umschaltung von 12 auf 24 Volt Betriebsspannung,
- Gasungsregelung,
- gepulste Ladung,
- LCD-Anzeige,
- Schnittstelle zum PC,
- selbstlernendes Ladesystem.

Es gibt eine ganze Reihe von unter-schiedlichen Laderegler-Systemen. Die wesentlichen im Handel ange-botenen Solarregler sind folgende:

Zweipunktregler:
Für Inselanlagen mit kleiner Leis-tung und geringer Anforderungen geeignet. Spannungsgesteuerte Regelung in Serie zum Akku. Der Akku wird vom Solarmodul ge-trennt, wenn die Ladespannung überschritten wird. LEDs zeigen z. B. an, ob der Akku geladen wird oder bereits im Bereich der Lade-endspannung ist.

Mit dieser Technik werden die Akkus zwar nicht optimal geladen und es wird auch nicht die optima-le Lebensdauer der Akkus erreicht. Es gibt aber durchaus sinnvolle

Die Betriebsspannung des direkten Gleichstromniederspannungsnet-zes wird in der Regel bei 12, 24 oder 48 Volt gewählt. Die Akkus werden über einen Laderegler kon-trolliert geladen und die Verbrau-cher im Niederspannungsbereich betrieben.

Regler
Solar-Laderegler sorgen dafür, dass die vom Solarmodul kommende Energie, je nach Technik des Lade-reglers, optimal an den Akku ange-passt und der Akku (mehr oder we-niger) optimal geladen wird. Wei-terhin kann der Laderegler dafür sorgen, dass der Akku nicht zu tief entladen wird.

Je nach verwendetem Akkutyp muss der Regler die Parameter des Akkus berücksichtigen. Bleigelak-kus haben z. B. eine niedrigere La-deschlussspannung (2,39 Volt pro Zelle) als Bleisäureakkus (2,45 Volt pro Zelle).

2.2 Netzunabhängiges Inselsystem

Abb. 54 – Einfacher und preiswerter Zweipunktregler. Quelle (4)

Anwendungen für den Zweipunktregler, so z. B., wenn mit einem Solargenerator mehrere Akkus geladen werden sollen (siehe auch Abb. 55).

Serieller Shuntregler (Längsregler):
Für kleine und mittlere Inselanlagen eignet sich der Shuntregler. Die Regelung des Ladestromes wird in Abhängigkeit von der Ladespannung durchgeführt.

Während des Ladevorgangs erhält der Akku kurzzeitig Stromim-

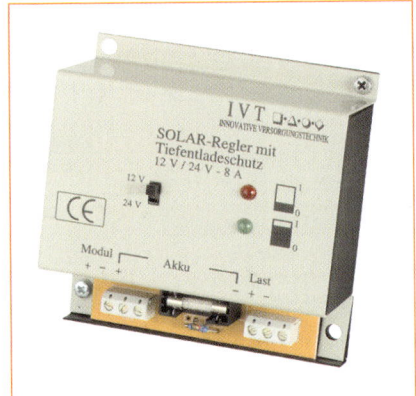

Abb. 56 – Shuntregler mit Ladezustandsanzeige und Umschalter für 12 und 24 Volt. Quelle (4)

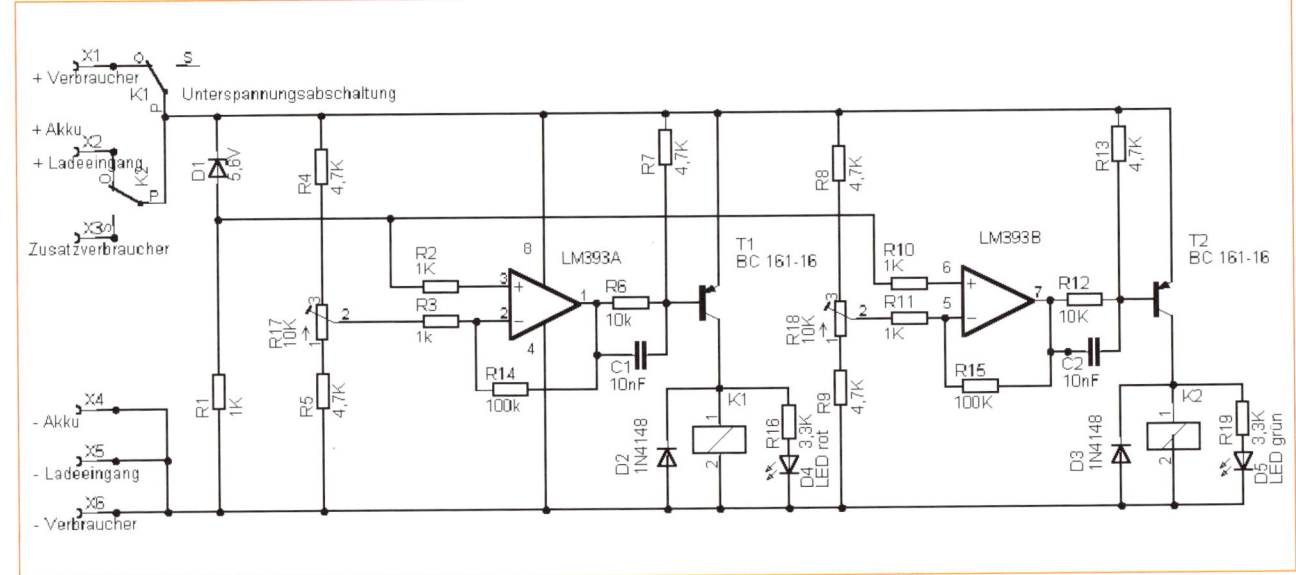

Abb. 55 – Schaltplan-Beispiel eines Zweipunktreglers, bei dem die einstellbare Unter- und Überspannung jeweils mit einem Relais geschaltet wird. Damit können **a)** bei Unterspannung (Akku entladen) mit dem Relais K1 Verbraucher von dem Akku getrennt werden und **b)** bei Überspannung (Akku ist voll geladen) mit Relais K2 ein weiterer Akku vom Solargenerator geladen oder ein weiterer Verbraucher, wie z. B. ein Ventilator versorgt werden.

pulse, die, je nach Ladespannungshöhe, kürzer oder länger sind (Pulsweitenmodulation).

Dieses Ladeverfahren führt zu einer höheren Lebensdauer des Akkus im Vergleich zum Zweipunktregler und führt auch zu einer vollständigeren Nutzung der Ladekapazität des Akkus.

Intelligenter Solar-Laderegler mit Microcontroller:
Ein Solar-Controller ermöglicht ein präzises und schonendes Laden des Akkus. Die Werte für Schaltschwellen, z. B. für Über-/Unterspannung, Last-Abschaltung und Rücksetzung, werden durch den Controller erfasst und gesteuert. Der Solar-Controller kann z. B. mit einer Tiefentlade-Vorwarnung und mit LC-Anzeige sowie RS-232-Schnittstelle ausgestattet sein.

Die Lade- und Überwachungsparameter sind bereits fertig programmiert und können zum Teil durch den Betreiber softwaremäßig programmiert werden. Nachteil: Wenn das Programm abstürzt oder spinnt, ist es meist schwierig zu reparieren.

Als Beispiel das Leistungsangebot des „Solar-Laderegler mit Microcontroller SCD 10" der Fa. Conrad-Elektronic:

Intelligenter Solar-Laderegler
mit Microcontroller, SCD 10
Der Solar-Controller mit LC-Anzeige und RS-232-Schnittstelle garantiert präzises und schonendes Laden der Solarakkus. Die Schaltschwellen z. B. für Über- und Unterspannung, Last-Abschaltung und Rücksetzung werden über den eingebauten Micro-Controller exakt und temperaturstabil gesteuert. Der Solar-Controller ist damit bestens für alle Anwendungen mit zentraler Masse (–) geeignet, da die Last-Abschaltung im Pluskreis (+) erfolgt. Und durch die Serienregelung können auch Solarakkus parallel zu anderen Stromquellen, z. B. Standard-Netzgeräten, nachgeladen werden. Der So-

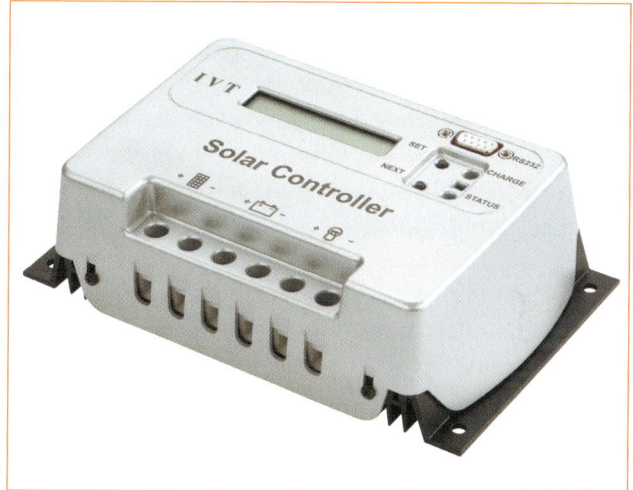

Abb. 57 – Komfortabler Laderegler mit Microcontroller und Anzeigedisplay. Quelle (4)

lar-Controller ist mit einer Tiefentlade-Vorwarnung ausgestattet. Besondere Punkte:

- LCD-Anzeige: Strom, Spannung, Temperatur.
- Min.-/Max.-Werte.
- LED-Statusanzeige für Ladezustand .
- RS-232-Schnittstelle zur Weiterverarbeitung der Daten am PC .
- Grundlage der Regelung: ladezustandsgesteuert.
- Art der Regelung: Serie.
- Temperaturnachführung.

Akku/Speicher
Die größte Schwachstelle der Inselanlage ist der erforderliche Energiespeicher. Der Anspruch ist, möglichst viel der gewonnenen Solarenergie mit einem möglichst hohen Wirkungsgrad (d. h. mit möglichst wenig Verlust über die Zeit) zu speichern und verwenden zu können.

2.2 Netzunabhängiges Inselsystem

Daher ist es manchmal sinnvoll, die Solarenergie zu dem Zeitpunkt, zu dem sie vorhanden ist (tagsüber), direkt in der Energieform zu speichern, in der sie gebraucht wird. So z. B. Wasser für die Bewässerung oder die Spülung direkt in einen erhöhten Wasserspeicher (Lageenergie) zu bringen oder Kühlenergie in Form von Kühlakkus im Kühlschrank zu speichern.

Solange die Sonne scheint, kann das Wasser direkt mit dem vom Solarmodul kommenden Strom mit Hilfe einer Solarpumpe in den erhöhten Wasserbehälter gepumpt werden. Der Kühlschrank läuft von einer Schaltuhr gesteuert nur tagsüber, die Kühlung in der Nacht wird von dem im Kühlschrank integrierten Kühlakku geleistet. Damit kann der Solarakku für andere Aufgaben wesentlich entlastet werden.

Schwieriger wird es bei Verbrauchern, die in der Nacht benötigt werden, wie z. B. Licht, oder bei denen im Voraus nicht bekannt ist, wie hoch der Energieverbrauch sein wird. In diesen Fällen ist derzeit noch ein Energiespeicher in Form eines Akkus erforderlich. In naher Zukunft werden jedoch Energiespeicher mit Wasserstofftechnologie die Akkus ablösen. Die Wasserstofftechnologie wird die vom Solargenerator kommende Energie mit Hilfe von Brennstoffzellen nahezu verlustfrei speichern und zu einem späteren Zeitpunkt wieder zur Verfügung stellen können.

Von den vielfältigen Akkutechnologien, die zur Verfügung stehen, eignen sich für den Inselbetrieb der für die Solaranwendung modifizierte Bleisäureakku und der Bleigelakku am besten.

Bleisäure-Akkumulatoren

Im Prinzip entspricht dieser Akkutyp der Autobatterie, wie wir sie von unserem Kfz kennen. Aber nur im Prinzip. Die Autobatterie ist dafür gemacht, kurzzeitig hohen Strom zum Anlassen des Kfz-Motors zur Verfügung zu stellen, dann wird sie wieder von der Licht-

> **Mein Hinweis**
>
> Beim Nachfüllen von destilliertem Wasser in die Kammern des Bleisäureakkus alte Kleidung oder eine Schürze tragen. Die evtl. austretenden Spritzer enthalten ätzende Salzsäure und hinterlassen auf der Kleidung kleine Löcher, die erst nach dem Waschen sichtbar werden.

maschine aufgeladen. Der Bleisäure-Solarakku dagegen muss über Nacht über einen längeren Zeitraum Strom abgeben können und sollte die von dem Solargenerator geladene Energie möglichst lange und ohne große Verluste speichern. Und dies über Jahre. Es ist zwar möglich, eine Autobatterie an der solaren Inselanlage zu betreiben, Sie werden aber damit langfristig wenig Freude haben.

Beim Bleisäure-Solarakku ist, je nach Laderegler-Typ, der Wasserstand in den Kammern zu prüfen und von Zeit zu Zeit müssen diese mit destilliertem Wasser aufgefüllt werden. Ansonsten braucht der Bleisäure-Solarakku keine Wartung.

Die angegebene Kapazität der Solarakkus erscheint auf den ersten Blick im Verhältnis zur Akkugröße sehr hoch und viel versprechend im Vergleich zu einer Autobatterie. Dies hat folgenden Grund: Die Kapazitätsangaben beziehen sich auf die Entladezeit. Je geringer der Entladestrom, desto mehr Kapazität kann aus dem Akku entnommen werden. Dies hängt mit der Reaktionszeit innerhalb des chemischen Prozesses im Bleisäureakku zusammen. Bei der Autobatterie beträgt die Entladezeit 20 Stunden und die Kapazität wird dementsprechend mit C20 angegeben. Beim Solarakku wird von einer 100-stündigen Entladezeit ausgegangen. Bei einer Angabe von 100 Ah (Amperestunden) besagt dies, dass 100 Stunden lang eine Entladung von 1 Ampere stattfinden kann. In der Praxis sieht das meist

2.2 Netzunabhängiges Inselsystem

anders aus, sodass Sie sich nicht wundern sollten, wenn der Akku schneller entladen ist.

Bleigel-Akkumulatoren
Im Bleigelakku ist der Elektrolyt in einer gelartigen Masse gebunden. Die Kontrolle und das Nachfüllen von destilliertem Wasser entfallen damit. Dieser Akkutyp darf spannungsmäßig nicht überladen werden, sonst fängt der Elektrolyt an auszugasen (abzublasen). Im Gesamten gesehen ist der Bleigelakku eine pflegeleichte Speicherkomponente.

Wichtig ist, dass der Laderegler auf diesen Akkutyp eingestellt ist, vor allem was die Ladeendspannung betrifft. Auch die beim Bleisäureakku erforderliche Gasungsfunktion muss hier deaktiviert werden. Eine konstante Ladespannung mit 2,35 Volt pro Zelle wird empfohlen.

Weitere Vorteile diese Akkutyps sind die Möglichkeit langer Lagerzeiten ohne Ladung, geringer Kapazitätsverlust (niedrige Selbstentladung), erneute Aufladbarkeit auch nach Tiefentladungen und eine hohe Zyklenfestigkeit (der Akku kann sehr oft, 500- bis 1000-mal, geladen und entladen werden).

In der Anschaffung kosten Gelakkus mehr als Bleisäureakkus.

Verkabelung
Die Verkabelung kann mit einem zweiadrigen Kabel erfolgen. Je nach Leitungslänge und Anschlusswert der Verbraucher sind entsprechende Kabelquerschnitte zu wählen.

Wenn Strom durch ein Kabel fließt, entstehen durch den Innenwiderstand des Leiters „Kabel" Verluste. Die Verluste sollten nicht höher als max. 1 % sein. In Abb. 59 sind die maximalen Entfernungen bei entsprechenden Kabelquerschnitten für 12 Volt angegeben. Bei 24 Volt kann der Strom bei gleicher Leitungslänge etwa verdoppelt werden. Den Strom eines Verbrauchers können Sie wie folgt ermitteln:

Als Beispiel gehen wir von einer 12-Volt-Halogenlampe mit 10 Watt Leistung aus. Die Wattangabe (10 Watt) geteilt durch die Spannung (12 Volt) ergibt einen Strom

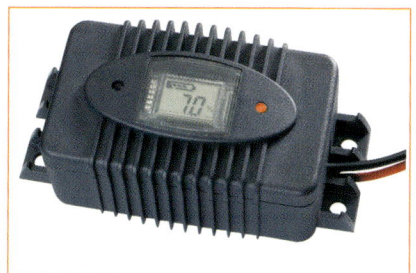

Abb. 58 – Der Bleiakku-Aktivator verhindert die Sulfatierung bei Akkus (Bleisäure und Bleigel), die selten genutzt werden. Er erzeugt regelmäßig Stromimpulse (100 A). Die Stromaufnahme des Gerätes beträgt ca. 0,5 mA, die aus dem Akku entnommen werden. Ich habe damit vor allem bei Bleigelakkus an der Insel-Solaranlage gute Erfahrungen gemacht. Quelle (4)

von 0,83 A. Entsprechend Abb. 59 sollte die Zuleitung zu dieser Halogenlampe bei einem Kabelquerschnitt von 1,5 mm² in etwa 5 m nicht überschreiten. Kritisch wird es

Querschnitt bei 12 Volt	0,5 A	1,5 A	2,5 A	10 A
Querschnitt bei 24 Volt	1,0 A	3,0 A	5,0 A	20 A
0,75 mm²	6 m	1,5 m	1,0 m	– –
1,5 mm²	12 m	3,0 m	2,0 m	0,5 m
2,5 mm²	20 m	5,0 m	3,0 m	0,8 m
4,0 mm²	32 m	8,0 m	5,0 m	1,3 m
6,0 mm²	48 m	12,0 m	8,0 m	2,0m
10,0 mm²	80 m	20,0 m	13,0 m	3,3 m

Abb. 59 – Kabellängen und Querschnitte (Hin- und Rücklauf, Verlust max. 1 %) (über den Daumen).

2.2 Netzunabhängiges Inselsystem

vor allem bei Verbrauchern mit hohem Strombedarf, wie z. B. Wechselrichtern. Diese sollten in unmittelbarer Nähe des Akkus mit dicken Kabeln angeschlossen werden.

Verbraucher

Wird eine Inselanlage neu eingerichtet, so ist es sinnvoll, bei der Wahl der Verbraucher auf eine gute Energieeffizienz (Wirkungsgrad) zu achten. Damit können mit geringem Aufwand Energie und Kosten für Solarmodule gespart werden. Viele Gebrauchsgeräte in 12- oder 24-Volt-Ausführung gibt es bei Elektronikfirmen und im Campingbedarf standardmäßig zu kaufen.

Sicherungen

Bevor Verbraucher, egal welcher Art, an das Niederspannungsnetz der Solaranlage angeschlossen werden, sind diese mit Sicherungen abzusichern. Zu diesem Zweck gibt es spezielle Sicherungssysteme für den Solar-Niederspannungsbereich. Es können auch Sicherungssysteme aus dem Kfz- und/oder Campingbereich verwendet werden. Die Sicherungen sind so zu bemessen, dass der Kurzschlussstrom die Sicherung auslöst, bevor das Leitungsnetz beschädigt wird (siehe auch Abb. 59).

Beleuchtung

Für solarversorgte Inselnetze mit 12-Volt-Spannungsbereich gibt es zahlreiche Energiesparleuchten mit ausreichenden Beleuchtungsleistungen von 3 Watt bis zu 18 Watt. Eine 12-Watt-Energiesparkompaktlampe entspricht der Helligkeit einer Glühlampe mit 60 Watt und kann, je nach Schalthäufigkeit, bis zu 10.000 Betriebsstunden verwendet werden.

Noch haltbarer und sparsamer sind LEDs. Superhelle LEDs, wie z. B. die Luxeon™ Emitter oder Luxeon™ Star, gibt es von 1 Watt bis 5 Watt Leistung in verschie-

Abb. 60 – Eine wichtige Komponente ist, wie hier abgebildet, ein Sicherungshalter für Stecksicherungen, wie sie auch im Kfz verwendet werden. Quelle (4)

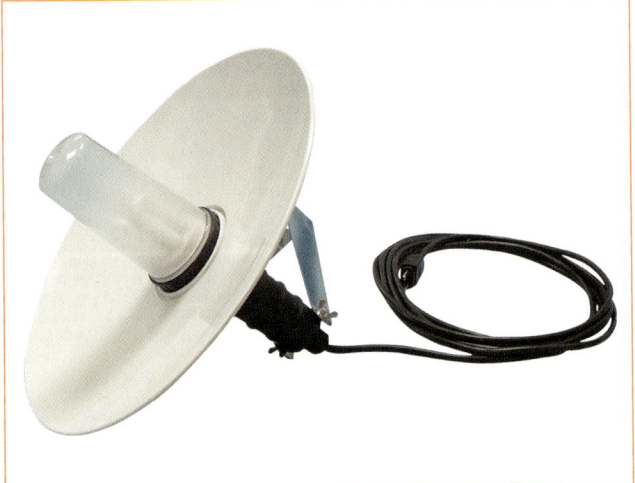

Abb. 61 – Die Leuchte Multilight wird mit einer sparsamen Energiesparlampe für 12 Volt Niederspannung bestückt. Quelle (4)

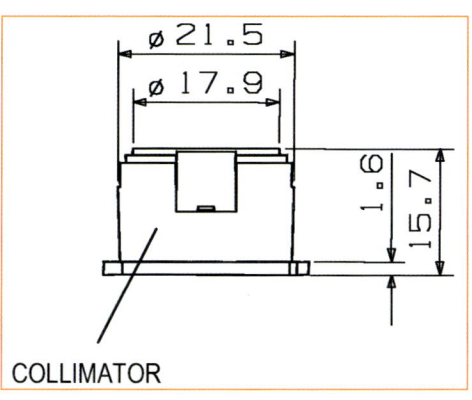

COLLIMATOR

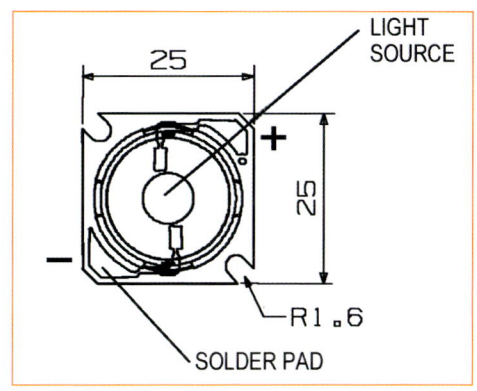

LIGHT SOURCE

SOLDER PAD

Abb. 62 – Superhelle LEDs, wie z. B. die Luxeon™ Star mit integrierter Linse und einem Abstrahlwinkel von 10°. Die Abmessungen helfen bei der Planung eigener Konstruktionen. Quelle (4)

denen Farben und Ausführungen und mit unterschiedlichen Abstrahlungswinkeln. Durch den geringen

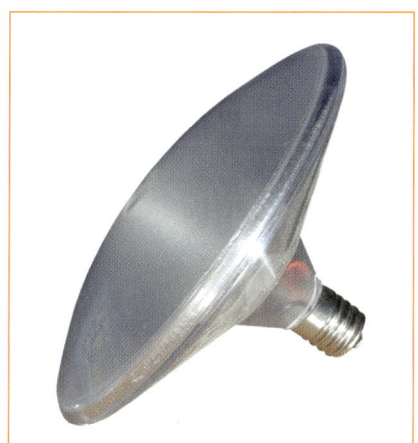

Abb. 63 – LED-Lampe luna, mit integrierter Hochleistungs-LED und Schraubfassung für das Niederspannungsnetz. Quelle (4)

Stromverbrauch und eine Lebensdauer von bis zu 50.000 Stunden eignen sie sich auch sehr gut für die Verwendung im Solarnetz. Kreative können sie außerdem bestens für selbst entworfene Beleuchtungseinrichtungen einsetzen.

Aber es gibt auch tolle Leuchten zu kaufen, die bereits mit LEDs bestückt sind.

Kühlschrank
Kühlschränke lassen sich mit Solarenergie gut betreiben. Gerade bei ausreichendem Sonnenschein ist der Bedarf an Gekühltem auch besonders hoch. Geeignete Kühlschränke sind am besten über den Campingbedarf oder bei Solarausrüstern zu beziehen. Es gibt mehrere technische Varianten, wobei bei

ernsthaftem Gebrauch eigentlich nur ein Kompressorkühlschrank sinnvoll ist. Der Übersicht halber die möglichen Varianten:

● Kühl-Wärmebox mit Peltier-Elementen, preiswert, aber schlechter Wirkungsgrad.
● Absorberkühlschränke, hoher Stromverbrauch, sinnvoller mit Gasbetrieb.
● Kompressorsysteme für Niederspannung oder mit eingebautem Wechselrichter.

Pumpen, Lüftungssysteme
Pumpen und Lüftungssysteme eignen sich sehr gut für den solaren Direktbetrieb. Sie sind damit weitgehend wartungsfrei (abhängig von der Antriebsart). Bei viel

2.2 Netzunabhängiges Inselsystem

Abb. 64 – a) Solarpumpe im Direktbetrieb und **b)** die Pumpe im Detail. Quelle (4)

Sonnenschein ist oft auch viel Lüftung nötig, so zum Beispiel in einem an das Gebäude angegliederten Wintergarten.

Radio, Fernseher, Computer und Peripherie
Viele Geräte der Unterhaltungselektronik haben bereits 12-/24-Volt-Anschlüsse für den Betrieb der Geräte z. B. im Auto- und Campingbereich. Diese können direkt am Gleichstromnetz der Solaranlage betrieben werden.

Speziell bei Notebooks oder Handyladegeräten ist lediglich ein Autoadapter erforderlich, um diese am 12-/24-Volt-Solarnetz betreiben zu können. Es handelt sich dabei um einen kleinen DC/DC-Wandler, der den Gleichstrom des Solarnetzes mit hohem Wirkungsgrad (wenig Verluste) in die für das Notebook oder Ladegerät benötigte Spannung umwandelt. Meist kann die Ausgangsspannung des Wandlers durch einen Wahlschalter an die Betriebsspannung des Notebooks angepasst werden.

Abb. 65 – DC/DC-Wandler für den Anschluss des Notebooks an die Solaranlage. Durch die Umschaltmöglichkeit der Ausgangsspannung und durch die Steckadapter kann der Wandler auch für andere elektronische Geräte verwendet werden. Quelle (4)

2.2 Netzunabhängiges Inselsystem

Spannungswandler

Sollen am Solarnetz 230-Volt-Verbraucher angeschlossen werden, so können diese über einen Spannungswandler, der die Systemspannung des Solarnetzes von z. B. 24 Volt auf 230 Volt Wechselstrom umwandelt, betrieben werden.

Bei den Spannungswandlern gibt es unterschiedliche technische Systeme, die sich durch die Art der abgegebenen Wechselspannung (230 V) und den Preis unterscheiden:

- Trapezwechselrichter,
- sinusähnliche Wechselrichter,
- Sinuswechselrichter.

Trapezwechselrichter sind sehr robust und preiswert und für einfache Elektromaschinen gut geeignet. Bei Drehstrommotoren, die mittels eines Anlaufkondensators dem Zwei-Phasen-Antrieb angepasst wurden, wie z. B. bei Waschmaschinen oder einem normalen 230-Volt-Kühlschrank, versagt der Trapezwechselrichter.

Der sinusähnliche Wechselrichter kann für die meisten elektronischen Geräte und auch Ladegeräte gut verwendet werden.

Abb. 66 – Spannungswandler/Wechselrichter von links nach rechts: Trapezwechselrichter, sinusähnlicher Wechselrichter und Sinuswechselrichter (unten). Quelle (4)

2.2   Netzunabhängiges Inselsystem

Mit dem Sinuswechselrichter, dem teuersten und aufwendigsten Gerät, können alle Elektrogeräte wie am normalen Stromnetz betrieben werden.

Sie sollten beachten, dass Wechselrichter zu den „dicken" Stromverbrauchern gehören und nur bei Bedarf an den Akku angeschlossen werden sollten.

Kleinverbraucher
Kleinverbraucher wie Antennenverstärker, Klingel/Sprechanlage, Telefonanlagen, Wasseraufbereitung (Entkalkungseinrichtungen), Alarmanlagen usw. eignen sich besonders gut für eine „kleine Solarlösung". Diese Geräte verbrauchen im Prinzip wenig Strom, dies aber 24 Stunden am Tag und 365 Tage im Jahr.

Die oben genannten Kleinverbraucher haben in der Regel eine Versorgungsspannung von 12 bis 15 Volt und werden meist mit einem Steckernetzteil am 230-Volt-Stromnetz betrieben. Wenn Sie das Steckernetzteil einmal anfassen, werden Sie feststellen, dass es warm ist und einen leisen Brummton von sich gibt. Durch eine Messung mit einem Energiesparmessgerät können Sie feststellen, dass das Steckernetzteil für sich allein schon einen Stromverbrauch von ca. 3 bis 4 Watt hat.

Wenn Sie den Stromverbrauch nur für das Netzteil auf ein ganzes Jahr ausrechnen, so ergibt das allein ca. 25 bis 35 kWh!

Ich empfehle für jedes Haus mindestens eine kleine Solaranlage mit einer Leistung von ca. 50 bis 100 Watt an Solarmodulen, um die Kleinverbraucher auf dem Dach zu versorgen!

Es könnte ein Komplettset sein, wie z. B. bei Satellitenanlagen, welches bei diesen enormen Stückzahlen auch nicht viel mehr kosten würde.

Als Beispiel in Abb. 67 ein Blockschaltbild für die Realisierung einer Solaranlage zur Versorgung der Kleinverbraucher.

Wenn Kleinverbraucher über einen Pufferspeicher mit einer kleinen Solaranlage betrieben werden, können Sie auf Dauer eine ganze Menge an Energie und Geld sparen. Und der große Vorteil: Bei einem Stromausfall laufen die Geräte weiter, was z. B. bei einer Telefonanlage von großem Nutzen sein kann.

Elektromobil / Solarmobil
Mit zunehmender Verteuerung und Verknappung der Betriebsstoffe von Kraftfahrzeugen, der Zunahme von Feinstaub und der CO_2-Diskussion wird der Betrieb von Elektrofahrzeugen immer sinnvoller. Autos, aber auch Fahrräder mit elektrischen Hilfsantrieben (Pedelec = Fahrrad mit elektrischem Hilfsantrieb, der über die Pedale gesteuert wird und dadurch zulassungsfrei ist), Elektromofas und Elektroroller bis hin zu drei- und vierrädrigen Elektroleichtfahrzeugen sind als Zweitfahrzeuge eine sinnvolle Ergänzung zur Mobilität. Sie als Nutzer werden dadurch ein Stück unabhängiger und sparen eine Menge Geld. Elektrofahrzeuge haben durch den hohen Wirkungsgrad des Elektromotors von 60 bis 80 % und der guten mechanischen Ankopplung des Elektroantriebes (im Vergleich zum Verbrennungsmotor) Verbrauchswerte (Energieäquivalent) von 1 Liter auf 100 km und weniger.

Da Sie Ihre eigene Tankstelle zuhause haben, bedeutet das ein Stück mehr Unabhängigkeit von den konventionellen Versorgungssystemen der Ölmultis.

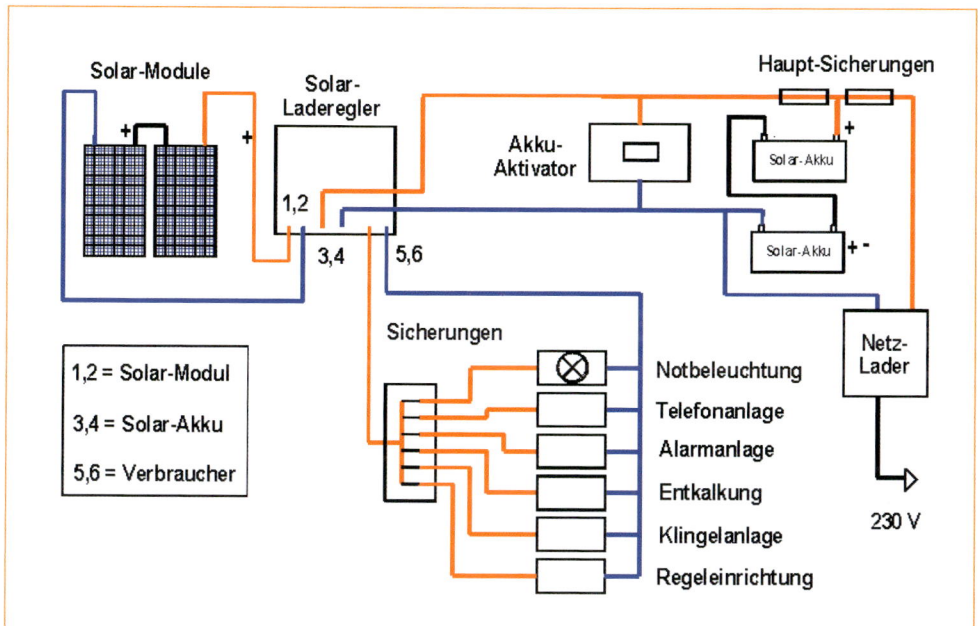

Abb. 67 – Blockschaltbild einer Solar-Inselanlage für Kleinverbraucher. Ist ein Stromnetz vorhanden, können die Akkus im Unterspannungsfall durch einen automatischen Netzlader aufgeladen werden (z. B. im Winter, wenn die Solarstrahlung nicht ausreicht).

Abb. 68 – Pedelec, Liegerad mit elektrischem Hilfsantrieb. **a)** Ohne und **b)** mit Verkleidung.

Abb. 69 – Kleines einsitziges Elektromobil (City El) mit PV-Modulen auf dem Dach in „Ladestellung".

3 Montage der Solaranlage

3.1 Grundsätzliche Montageprinzipien

Bei Solaranlagen wird von einer durchschnittlichen Nutzungsdauer von etwa 30 Jahren ausgegangen. Dementsprechend sind alle Materialien dauerhaft zu wählen. Dies bedeutet bei den Modulen und der Unterkonstruktion, dass korrosionsbeständige Materialien wie Aluminium, Edelstahl (V4A) usw. verwendet werden. Wichtig sind auch UV- und ozonbeständige Kabel sowie geeignete Kunststoffmaterialien und entsprechende konstruktive Lösungen, damit Schwitzwasser, Stauwärme und andere dem Gebäude abträgliche Erscheinungen dauerhaft unter Kontrolle sind.

Zunächst einmal möchte ich auf die prinzipielle Art der Befestigung eingehen. Solaranlagen können starr fixiert oder auch beweglich installiert werden. Fest installierte Solaranlagen sind in der Lage und Ausrichtung dauerhaft fixiert. Dadurch gibt es keinen bzw. wenig mechanischen Verschleiß und wenig Wartungsaufwand. Der gesparte Aufwand für die Nachführung (optimale Ausrichtung zur Sonne) kann dann in eine größere Fläche der Solaranlage investiert werden, um ähnliche Ergebnisse wie bei einer Nachführung zu bekommen.

Das automatisch immer zur Sonne ausgerichtete System ist mechanisch deutlich aufwendiger. Eine einfachere Lösung wäre die Nachführung durch manuelles Verstellen. Z. B. könnte vier Mal im Jahr der Neigungswinkel der Solaranlage von Hand verändert und damit dem aktuellen Sonnenwinkel angepasst werden. Dies ist bei kleineren Anlagen, z. B. im Bereich einer Balkonbrüstung, sehr sinnvoll.

Nachführungen mit automatischen Einrichtungen und Steuerungen, z. B. mit einem Getriebemotor und einer entsprechenden Sensorik, sind für Photovoltaikanlagen und vor allem für Inselanlagen sinnvoll. Dort kommt es darauf an, dass gerade in der sonnenarmen Zeit (im Winter) jeder Sonnenstrahl genutzt wird.

Je nachdem, ob die Nachführung einachsig oder zweiachsig ausgeführt wird, können Sie mit bis zu 45 % Mehrertrag rechnen.

3.2 Einachsige Nachführungen

Der Solargenerator wird im Uhrzeigersinn in Ost-West-Richtung (erste Achse) dem Sonnenstand kreisförmig „nachgeführt".

Die jahreszeitliche Neigung, d. h. der Anstellwinkel (zweite Achse), wird bei den einachsigen Nachführungen entweder einmal auf einen Mittelwinkel eingestellt oder von Zeit zu Zeit manuell verändert. Gerade im Winter, wenn durch die kürzeren Tage weniger Sonnenenergie geerntet werden kann und die Sonne sehr flach am Horizont „steht", kann es wirtschaftlich sinnvoll sein, den Winkel der Module entsprechend auszurichten.

Ein Spezialfall einer horizontalen Nachführung ist der, in dem die Mittelachse des oder der Module entsprechend der Tageszeit gekippt wird (siehe auch Abb. 70). Dadurch sind die Modulflächen morgens und

Abb. 70 – Solarmodulanordnung mit automatischer Nachführung über die Mittelachse, Morgenstellung.

Abb. 71 – Jahreszeitliche Winkelverstellung durch eine Kippvorrichtung und den Seilzug.

73

3.2 Einachsige Nachführungen

Abb. 72 – Das Foto zeigt einen nach-geführten Solargenerator mit folgenden Eckdaten. Fläche: 13 m x 6 m, Leistung: ca. 10 KWpeak, Gewicht (bewegliche Teile): 4to. Das Getriebe zwischen dem Elektromotor und der Antriebstrommel stammt von einem VW-Passat! Diese Anlage wird im Moment über zwei Zeitschaltuhren gesteuert. Die eine gibt dem Motor alle 10 min. „Strom", die andere stellt über Nacht die Ausrichtung nach Osten wieder her. Die Anordnung von Hand und mit Spanngurten zu bewegen, hat sich als völlig unmöglich erwiesen.

Abb. 73 – Details der mechanischen Steuerung.

abends steil und damit rechtwinklig zur Sonne, in der Mittagszeit flach und dementsprechend auch wieder rechtwinklig zur Sonne ausgerichtet. Die jahreszeitliche Achse (Winkel) wird hier manuell jeweils alle paar Wochen oder Monate angepasst.

Nachführung mit Antennenrotor

Für die Montage einer drehbaren Anlage auf dem Hausdach eignen sich sehr gut Antennenrotoren. Auch wenn diese neu gekauft werden müssen (wie z. B. bei Conrad-Elektronik oder auch über Ebay), lohnt sich doch die meist preiswerte Anschaffung im Gegensatz zur aufwendigen Mechanikbastelei. Das Steuergerät wird nicht gebraucht, kann aber für eine eventuelle manuelle Steuerung der Anlage aufgehoben werden. Sinnvoll ist diese Variante auch, weil Antennenrotoren für die Außenmontage konstruiert und hergestellt worden sind. Sie sind mechanisch robust und einiger-

Abb. 74 – Montage auf dem Dach mit einem handelsüblichen Antennenrotor. Beim Solargenerator handelt es sich um drei Module zu je 25 W (parallel), welche ein 12-Volt-Inselsystem mit Kleinverbrauchern versorgen. Oben sind die zwei Röhrchen mit den LDRs für die automatische Ausrichtung zur Sonne zu erkennen.

3.2 Einachsige Nachführungen

maßen wasserdicht, sodass von einer langen Funktionsfähigkeit ausgegangen werden kann. Auch die Drehgeschwindigkeit mit 1 bis 1,5 Umdrehungen pro Minute, bei 360° Drehbereich, ist für unsere Anwendung gut geeignet.

Die Durchführung durch das Dach und die Abdichtung können mit Material ausgeführt werden, wie es zur Abdichtung für Antennenmaste im Handel erhältlich ist. Für das Mastmaterial kann Wasserleitungsrohr verwendet werden (schwer, aber in unserem Fall geeignet, da es sich nur um ein kurzes Stück handelt). Die Solarmodule können dann ebenfalls mit Mastschellen und Aluminiumprofilen aus dem Antennenbau und der Satellitentechnik mit einer 45°- bis 50°-Neigung an das Maststück oberhalb des Antennenrotors befestigt werden. Nicht zu vergessen: Der Sensor sollte so hoch über den Solarmodulen befestigt werden, dass zu keiner Jahreszeit Schatten auf die Module fällt. Auch sollte der Sensor nicht unter die Module montiert werden, da hier durch die Beschattung Irritationen auftreten können und damit der Solargenerator falsch ausgerichtet werden könnte. Falls erforderlich, kann ein zusätzlicher Sturmsensor an der westlichen Giebelseite, mindestens 50 cm über dem First, montiert und installiert werden.

Abb. 75 – Befestigung mit Satellitenteilen, vom Schrott oder gekauft, bestens geeignet, um die Module zu montieren. Die Winkelverstellung für den Neigungswinkel des Solargenerators wird gleich exklusiv dazu geliefert.

3.3 Zweiachsige Nachführungen

Wer sich schon einmal auf einem Südhang und zum Vergleich auf einem Nordhang im Liegen gesonnt hat, hat den Unterschied bemerkt: Auf dem Südhang ist es um einiges wärmer. Der Südhang ist direkt nach Süden ausgerichtet und durch die Hanglage fallen die Sonnenstrahlen ungefähr rechtwinklig auf unseren Körper. Beim Nordhang ist es ein sehr flacher Winkel zur Sonne und damit fällt weniger Sonnenenergie („Strahlen") auf jeden cm² Haut. Genauso verhält es sich bei den Solarmodulen. Die gefühlte Wärme entspricht der elektrischen Energie, die durch die Module umgewandelt wird.

Zweiachsige Nachführungen gibt es für verschiedene Anlagengrößen, wie in Abb. 76 dargestellt, bereits fertig zu kaufen.

Abb. 76 – Zweiachsige, automatisch nachgeführte Solaranlage.

Abb. 77 – Rückseite der Anlage mit der Unterkonstruktion und dem Stellmotor.

3.4 Indachmontage oder Aufdachmontage, Vor- und Nachteile

Was bedeutet Indachmontage? Das bedeutet, dass anstelle von Ziegeln Solarmodule bündig in das Dach montiert werden. Vorstellen können Sie sich das genau wie bei einem Dachfenster. Es gibt auch Dachfenster-Firmen, die nach dem gleichen System sowohl Ihre Dachfenster wie auch die Solaranlage in das Dach einbauen.

Die Indachmontage hat Vorteile: Sie sparen Ziegel. Das Dach und die Solaranlage sind auf einer Ebene, was von unten gesehen ein einheitlicheres Bild ergibt. Wind und Sturm haben weniger Angriffsfläche und die Leitungsanschlüsse sind nicht sichtbar, da sie sich unter der Dachhaut befinden.

Doch leider gibt es auch einige wesentliche Nachteile: Der Wirkungsgrad der Solaranlage ist geringer (es gibt weniger Abkühlung auf der Rückseite der Module), damit steigt die Zelltemperatur, wodurch wiederum die Modulspannung und die Leistungsabgabe absinken. Die Abdichtung zwischen den Modulen und der bestehenden Dachfläche ist komplizierter und damit aufwendiger. Sind die Randbleche unsachgemäß eingebaut, besteht die Gefahr von Undichtigkeiten am Dach.

Ist ein Modul defekt und muss ausgetauscht werden, so kann es sein, dass systembedingt alle Module samt der Bleche ausgebaut werden müssen.

Bei der Aufdachmontage benötigt man lediglich ein Untergestell zwischen dem Hausdach und der Solaranlage, um Module und Dachsparren mechanisch stabil zu verbinden. Das Problem von Undichtigkeiten kann hier zwar auch auftreten, aber nur dann, wenn ein Ziegel, z. B. im Bereich der Dachhaken, beschädigt oder unsachgemäß eingebaut ist.

Montageort: Flachdach

Ein Flachdach mit einer großen zusammenhängenden Fläche ist für eine Solaranlage ideal geeignet. Durch die Möglichkeit einer variablen Aufständerung können die ideale Neigung und die direkte Ausrichtung nach Süden erreicht werden.

Das Gestell für die Aufständerung ist aufwendiger, die Montage und Betreuung der Solaranlage können dafür relativ leicht durchgeführt werden. Je nach Dach und Höhe ist der Aufwand für die Absturzsicherung

Mein Tipp

Bei Indachmontage Module durchmessen (Funktion, Leistungsabgabe), bevor das Dach vollständig geschlossen wird.

Fazit

Die Aufdachmontage ist grundsätzlich einfacher und leistungsfähiger. Falls keine besonderen gestalterischen Gründe dagegensprechen, würde ich die Aufdachmontage vorziehen.

Abb. 78 – Photovoltaikanlage auf dem Flachdach montiert.

3.4   Indachmontage oder Aufdachmontage, Vor- und Nachteile

(Gerüst) kleiner. Die Dachhaut (Dachdichtung) ist unbedingt zu schützen, auch während der Arbeiten auf dem Dach. Spitze Schrauben, Bleche und Werkzeuge sollten tunlichst vom Dach ferngehalten werden. Die statische Belastung durch eventuelle zusätzliche Beschwerung der Unterkonstruktion (damit Wind und Sturm die An-

Abb. 79 – Konstruktionsdetails einer PV-Anlage auf dem Flachdach. Dieser Selbstbauer hat als Unterlage Betonrandsteine verwendet und das Untergestell einfach daraufgestellt.

lage nicht vom Dach abheben) ist zu prüfen. Eine Betonplatte von 40 x 60 cm wiegt je nach Dicke über 20 kg. Die Verkabelung/Leitungsführung sollte so vorgenommen werden, dass die Dachhaut nicht verletzt wird.

Ein weiterer Vorteil des Flachdaches: Bei höheren Gebäuden ist die Solaranlage von unten wenig sichtbar.

Die Photovoltaikanlage ist auf dem Flachdach problemlos mit einem Standardsystem zu realisieren.

Eine zusätzliche Anregung wäre z. B. ein Dachgarten mit Pergola, auf dem die Solaranlage montiert werden kann.

Montageort: auf geneigten Dächern

Geneigte Dächer sind mit Sicherheit der häufigste Montageort. Als Dachform gibt es das Giebeldach, das Walmdach, das Satteldach (Schrägdach), Gaupen und Kombinationen aus den verschiedenen Dachformen.

Ideal sind großflächige, nach Süden geneigte Scheunendächer.

Aus gestalterischen Gesichtspunkten eignen sich bei Baudenkmälern die Gaupen zur Montage recht gut. Vor allem, wenn es sich um Schleppgaupen handelt, die Richtung Süden ausgerichtet sind.

Bei geeigneter Ausrichtung und Dachneigung gibt es die Möglichkeiten der Aufdachmontage ebenso wie die der Indachmontage mit standardisierten Komponenten. Das zusätzliche Gewicht der Solaranlage erfordert im Normalfall keine statischen Maßnahmen am Dachstuhl. Trotzdem sollten die statischen Grundlagen (siehe weiter oben) geprüft sein.

Wichtig ist auch die Prüfung eventueller Beschattungen durch Nachbardächer, Gaupen, Kamine, Antennenanlagen, Bäume usw.

3.4 Indachmontage oder Aufdachmontage, Vor- und Nachteile

Abb. 80 – Montagebeispiel auf dem Schrägdach (während der Verdrahtung).

PV-Generator. Dank des Flächengewichts von nur 4 kg/m² kann mit diesem Produkt auch bei Dächern mit geringer statischer Belastbarkeit eine PV-Anlage verwirklicht werden.

Die in der dauerhaften Dichtungsbahn aus EVA (Ethylen-Vinyl-Acetat-Terpolymer) eingebetteten Dünnschicht-Solarmodule sind in Serie verschaltet und mit Bypassdioden ausgestattet. Die Zellen bestehen aus drei übereinander liegenden Schichten (Tripletechnologie), die unterschiedliche Wellenlängen des Lichts nutzen und damit einen guten Wirkungsgrad haben.

Die Dachbahnen können von der Rolle direkt auf die Dachdämmung verlegt werden (abhängig

Montage bei Tonnen- und Spezialdächern

Bei Ausrichtung nach Süden sind auch gewölbte Dachflächen für eine Solaranlage gut geeignet. Für die gewölbte Dachfläche sind aber besondere Konstruktionen erforderlich oder die Dachabdichtung wird in Kombination mit flexiblen Solarmodulen verwendet.

Die von der Firma Alwitra entwickelte und mit europäischen Innovationspreisen ausgezeichnete Evalon®Solarbahn ist eine dichtende Dachbahn und gleichzeitig ein

Abb. 81 – Eine flexibles Solarmodul von der Rolle, Dachdichtung und Solargenerator in einem, geeignet für alle Dachformen. Quelle (8)

3.4 Indachmontage oder Aufdachmontage, Vor- und Nachteile

Abb. 82 – Tonnendach einer Halle, ausgestattet mit der in Abb. 81 gezeigten dichtenden Solarbahn. Quelle (8)

Natursteinfassaden) wirtschaftlich und optisch sinnvoll sein, vor allem bei unverschatteten und optimal nach Süden ausgerichteten Fassaden. Die Unterkonstruktion kann aus Standardelementen, wie für Dachflächen angeboten, aufgebaut werden. Außerdem ist die Vergütung für PV-Fassadenanlagen (im Vergleich zu Dachflächen) nach dem EEG höher.

Weiterhin besteht eine gute Möglichkeit, Solaranlagen als Beschattungselement über Fenstern anzuordnen. Die Neigung kann hierbei optimiert werden und es können Module mit Lichtdurchlässigkeit verwendet werden, sodass

vom Dachaufbau). Die Solar-Bahnen werden mit verschiedenen Nennleistungen angeboten und auch mit Zubehör wie Wechselrichter, DC-Freischalter usw. geliefert (Liefernachweis und Link im Anhang).

Montageort: Fassade

Die Montage der Solarmodule an einer senkrechten Fläche, wie z. B. an einer Hausfassade, bringt zwar eine geringere solare Ernte und damit weniger Energie als eine optimal geneigte Fläche. Dies kann aber bei Fassadensanierung und Verkleidung (z. B. anstelle teurer

Abb. 83 – CIS-Module, als durchscheinendes Gestaltungselement im Dach. Quelle (7)

3.4 Indachmontage oder Aufdachmontage, Vor- und Nachteile

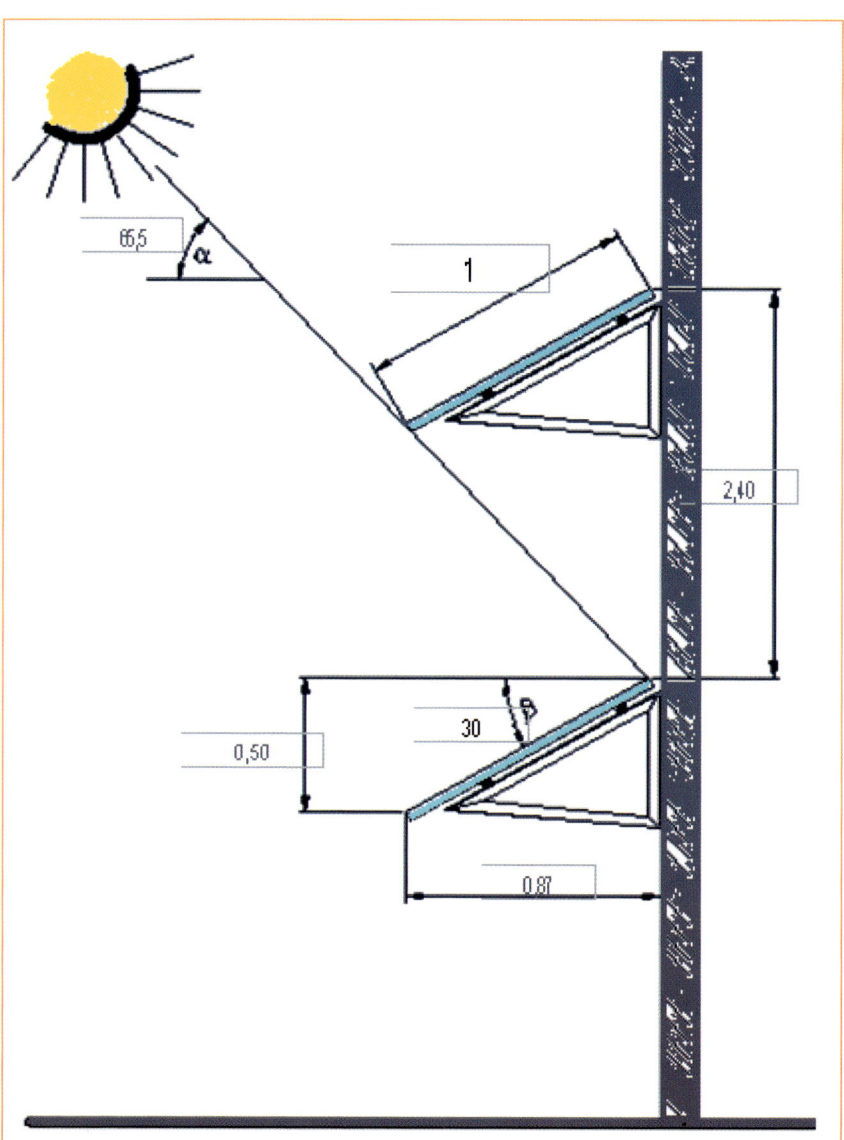

Abb. 84 – Bei übereinander angeordneten, geneigten Modulen an der Fassade sind, ähnlich wie beim Flachdach, entsprechende Abstände einzuhalten, um eine gegenseitige Beschattung der Module zu vermeiden. Quelle (5)

eine angenehme diffuse Strahlung durchs Fenster fällt.

Bei Gebäuden in Betonskelettbauweise, wie z. B. Plattenbauten, ist es möglich, eine für das Gebäude optisch aufwertende und gliedernde Fassadengestaltung durch die Solaranlage zu erreichen.

Montage des Solargenerators an einer Brüstung
Balkonbrüstungen, Absturzelemente, Brüstungsmauern usw. mit Ausrichtung nach Süden eignen sich sehr gut zur Anbringung von Solaranlagen (siehe oben). Da gibt es viele reizvolle Möglichkeiten, mit den Solar-Elementen gestalterisch zu spielen – entweder als einzelne Senkrechtelemente oder in der Neigung optimal zur Sonne ausgerichtete Modulfelder.

Auch auf weiteren Bauelementen wie Wetter-, Sicht- und Sonnenschutz, Pergolen, Überdachungen, Vordächern, Teilbereichen von Gewächshäusern, Sichtschutzzäunen, Lärmschutzelementen bis hin zu Kunstobjekten lässt sich die Montage konstruktiv gut realisieren.

3.4 Indachmontage oder Aufdachmontage, Vor- und Nachteile

Abb. 85 – CIS-Module als guter gestalterischer und technischer Sonnenschutz. Quelle (7).

Potenzialausgleich und Blitzschutz

Potenzialausgleich ist für alle metallischen Teile einer elektrischen Anlage grundsätzlich vorgeschrieben (gemäß DIN VDE 0100 Teil 712). Dies betrifft natürlich auch Montagegestelle und Modulrahmen bei PV-Anlagen. Bei thermischen Solaranlagen gehen die Ansichten auseinander, da es sich hier nicht um elektrische Anlagen handelt.

PV-Anlagen sind unbedingt in den Potenzialausgleich einzubinden.

Der Anschluss wird an der Erdungsschiene des Hauptpotenzialausgleichs, meist beim Stromzähler oder im Heizkeller, vorgenommen (so wie dies bereits bei einem evtl. vorhandenen Antennenmast ausgeführt wurde). Mit einem gelb-grünen Kabel von mind. 10 mm² Querschnitt ist durch Kabelschuhe und eine korrosionsfeste Zahnscheibe

eine gute elektrische Verbindung (Kontakt) zum Modulgestell herzustellen.

Ob das metallische Gestell einer Solaranlage durch zusätzliche Blitzschutzmaßnahmen gesichert werden muss, liegt im Ermessen des Eigentümers und evtl. der Versicherung. Bei Gebäuden ohne Blitzschutzanlage wird das Risiko eines Blitzeinschlages durch die Montage einer Solaranlage grundsätzlich nicht erhöht. Deshalb wird dort in der Regel auf einen Blitzschutz verzichtet.

Ist das Gebäude dagegen mit einer bestehenden Blitzschutzanlage ausgestattet, sollte die Solaranlage miteinbezogen werden. Auch ist zu prüfen, ob der bestehende Blitzschutz durch die Solaranlage gestört wird. Und es ist leider möglich, dass bestehende Blitzschutzanlagen, die nicht mehr der Norm entsprechen, aber durch den Bestandsschutz noch zulässig sind, durch die hinzukommende Solaranlage die Zulässigkeit verlieren.

Leitungstrasse

Normalerweise befinden sich der Stromzähler und der Hausanschluss im Keller. Aber wie kommt die elektrische Energie vom Standort des Solargenerators (Dach) in den Keller?

3.4 Indachmontage oder Aufdachmontage, Vor- und Nachteile

Hierbei gilt es, den kürzesten Weg mit dem geringsten Aufwand und möglichst wenig Eingriffen in die Bausubstanz zu finden. Nachfolgend einige beispielhafte Lösungsvorschläge, die bereits in mehreren Gebäuden erfolgreich umgesetzt wurden.

Abb. 87 – Zur Not kann auch ein vorhandener Ziegel durch Ausschlagen des Falzes umgestaltet werden. Damit kein Regenwasser entlang der Kabel in das Dachinnere rinnt, ist der Kabelbogen nach unten durchhängend zu installieren. Es ist auch möglich, einen vorhandenen Lüfterziegel umzugestalten. Die Leitungen sollten zusätzlich durch ein Schutzrohr geschützt werden.

Abb. 86 – Im Handel gibt es für die meisten Ziegelformen sog. Solarziegel mit Öffnungen, durch die die Solarleitungen gelegt werden können.

Abb. 88 – Die Abdichtung unter den Ziegeln an der Dachbahn ist auch wichtig, sonst funktioniert die Dampfbremse nicht mehr optimal.

Einführung in das Dach

Zunächst sind (beim Dachstandort) die von den Modulen kommenden Leitungen unter das Dach (unter die Ziegel) zu bringen. Eine komplette Verlegung auf dem Dach (auf den Ziegeln) wäre zwar möglich, sieht aber nicht besonders gut aus und bietet wenig Schutz für die Leitungen. Vor allem im Bereich der Dachkante sollte das Kabel „unsichtbar" verlegt werden.

Befinden sich die Leitungen unter den Ziegeln, so ist meist ein weiteres Durchdringen durch die Dachbahn, die Dampfbremse und die Dachdämmung erforderlich, um in das Innere des Hauses zu kommen. Die Durchdringungen der Dachbahn und die Dampfbremse sind unbedingt an der Oberfläche wieder sorgfältig abzudichten.

Leitungstrasse im Haus

Versorgungsschacht

Bei einer fälligen Sanierung der Abwasser-, Wasser- und Elektroleitungen ist es sinnvoll, zentrale und kompakte Leitungstrassen herzustellen, sofern diese nicht schon bei der ursprünglichen Planung des Gebäudes vorgesehen worden sind. Dabei kann der Platzbedarf für die Leitungen der Solaranlage mit eingeplant werden.

Manchmal ist es möglich, Leitungen vom Dach zum Keller ohne großen Aufwand im Treppenhaus zu verlegen. Oft zieht sich das Treppenhaus über mehrere Stockwerke durch das ganze Haus. Die Solarverkabelung kann dann z. B. in einer Ecke (Kehle), einer Nische oder auch künstlerisch gestaltet in das Treppengeländer integriert werden.

Im Kamin

In Häusern mit mehrzügigen Kaminen besteht manchmal die Möglichkeit, einen unbenutzten Kamin zur Leitungstrasse umzufunktionieren.

Meist kann damit die kürzeste Verbindung vom Dach zum Keller hergestellt werden – mit jeweils einem Durchbruch im Dachbereich und im Keller und mit einem Leerrohr im Kamin, in dem die Kabel verlegt werden.

Leitungstrasse über die Außenwand

Gibt es keine Möglichkeiten innerhalb des Gebäudes, die Leitungen vom Dach zum Keller zu verlegen, so sollten die sichtbaren Eingriffe und der bauliche Aufwand trotzdem so gering wie möglich gehalten werden. Der schnellste Weg ist dann meist „außen runter". Um die

Abb. 89 – Leitungsverlegung im Kabelkanal, die einfachste Möglichkeit, wenn es auf die Optik nicht so sehr ankommt.

3.4 Indachmontage oder Aufdachmontage, Vor- und Nachteile

> **Mein Tipp**
>
> Messen Sie die Solarleitung aus und machen Sie einige Fotos, bevor der Dämmputz aufgebracht wird. Dies ist bei späteren Wanddurchbrüchen und Befestigungen an der Fassade hilfreich, um die Solarleitung nicht zu beschädigen.

Fassade so wenig wie möglich zu beeinträchtigen, auch hierzu einige mögliche Vorgehensweisen.

Solarleitung im Regenfallrohr
Um eine gestalterisch ansprechende Lösung zu finden, benötigt man eine unauffällige Verkleidung für die Solarkabel. Dazu eignet sich beispielsweise gut ein Regenfallrohr aus demselben Material wie die bereits an der Gebäudefassade angebrachten Regenfallrohre (Kunststoff, Zinkblech, Kupfer). Idealerweise befindet sich das zusätzliche Regenfallrohr auf der gegenüberliegenden Traufseite des schon vorhandenen Regenfallrohres. Dann fällt es gar nicht auf. Oder das als Leerrohr hinzukommende Regenfallrohr wird parallel zum vorhandenen Regenfallrohr montiert. Das fällt auch nicht sehr auf, wie Sie der Abbildung 90 entnehmen können.

Wichtig ist, dass die Anschlüsse oben am Dach und unten zum Keller hin unauffällig ein- und ausgeführt werden. So ist es möglich, die Kabel direkt vom Regenfallrohr in die Unterdachverschalung zu führen und unter den Ziegeln bis zum Solargenerator zu verlegen.

Bei einer Fassadensanierung
Soll die Außenwand eines Gebäudes ohnehin mit einem zusätzlichen Dämmputz oder einer Fassadenverkleidung versehen werden, so kann die Solarleitung direkt auf der Außenwand befestigt werden. Durch den Dämmputz ist sie später nicht mehr zu sehen. Trotzdem ist es sinnvoll, die Leitungen in ein Leerrohr einzuziehen.

Abb. 90 – a) Solarleitungen verlegt im Regenfallrohr. **b)** Anbindung am Dachrand. Die Kabel laufen durch die Unterdachverschalung direkt unter den Ziegeln zum Modulfeld.

4 Das können Sie leicht selbst erledigen

4 Das können Sie leicht selbst erledigen

4 Das können Sie leicht selbst erledigen

Was Sie sich zutrauen können und wollen, wissen Sie selbst natürlich am besten. Für die Arbeiten auf dem Dach und an einer Fassade sind die erforderlichen Vorkehrungen für Ihre Sicherheit zu treffen.

Bei Ihren Eigenleistungen stellen sich die Fragen: Wo kann am sinnvollsten Geld gespart werden und wo kommt das eigene Potenzial am wirkungsvollsten zum Einsatz? Sofern der Zeitfaktor keine Rolle spielt, stellt sich natürlich auch die Frage, ob Sie Freude daran haben, die Arbeiten selbst auszuführen, auch wenn Sie dafür länger brauchen als ein Fachmann.

Leistungsabgrenzung:
Viele Handwerker sind Lösungen gegenüber, bei denen der Bauherr die kniffeligen Anteile realisiert, sehr aufgeschlossen. Wichtig ist, dass die Arbeiten beim Ausarbeiten des Angebots und nochmals bei der Beauftragung und Gewährleistung klar abgegrenzt werden. Ist der Bauherr sich bei bestimmten Positionen noch nicht sicher, ob er diese selbst ausführen wird, so sind diese festzulegen mit dem Hinweis: „Ausführung bei Bedarf".

Wichtig ist auch die terminliche Abstimmung. Vorbereitungen durch Sie als Bauherr sollten rechtzeitig durchgeführt werden. Gegenseitige Behinderungen erzeugen ein schlechtes Klima und sind nach Möglichkeit zu vermeiden.

Grundsätzliches

Sie als Bauherr und Bauherrin kennen Ihr Objekt am besten und sind hoch motiviert, eine gute und dauerhafte Lösung zu finden, auch da Sie die Solaranlage für längere Zeit haben werden. Sie haben die Möglichkeit, sich zwischendurch immer wieder mit der Lösung eines kniffeligen Problems zu beschäftigen, bis Sie mit dem Ergebnis zufrieden sind.

Der Handwerker hat einen großen Erfahrungsschatz, die fachliche Ausbildung, das erforderliche Handwerkszeug, die Möglichkeit zur kostengünstigen Materialbeschaffung und die Fachkontakte. Sein Problem ist, dass er unter Zeitdruck steht. Er sucht nach gut handhabbaren Lösungen, die in kurzer Zeit, mit garantiertem Erfolg und mit wenig Risiko umzusetzen sind.

4.1 Übersicht über die Arbeiten in 12 Schritten

Schauen Sie sich die nachfolgende Checkliste und das folgende Kapitel hinsichtlich Ihrer Eigenleistungen an. Entscheiden Sie, was und wie viel Sie davon selbst erledigen können und wollen. Bedenken Sie auch, was geschieht, falls Sie zwischendurch verhindert sein sollten.

Die folgende Checkliste können Sie durchgehen und bezüglich Ihrer Arbeitsanteile ausfüllen. Weitere Angaben zu den einzelnen Positionen finden Sie dann im nachfolgenden Text.

Wichtiger Hinweis

Die nachfolgende Beschreibung zeigt Ihnen grundsätzliche Tricks aus der Praxis auf, die zusätzlich zu der systembedingten Montageanleitung (des Anlagenherstellers) zu Hilfe genommen werden können. Die systembedingte Montageanleitung hat bei widersprüchlichen Angaben den technischen Vorrang, da nur durch diese die Funktion durch den Hersteller gewährleistet wird.

Checkliste für Ihre Vorüberlegungen

Pos.	Art der Arbeiten	Übernehme ich ganz selbst	Übernehme ich zum Teil	Mithilfe der Fachfirma
1	Vorarbeiten			
2	Modulstandort festlegen, Wechselrichterstandort festlegen			
3	Leitungstrasse festlegen und Kabelkanäle bzw. Durchbrüche herstellen			
4	Dachhaken und Unterkonstruktion montieren			
5	Module montieren			
6	Module elektrisch verbinden			
7	Wechselrichter montieren			
8	Leitungsverlegung von Modulen zum Wechselrichter			
9	Wechselrichter an Zählerplatz anbinden			
10	Zählerkasten und Sicherungen montieren			
11	Einspeisezähler anschließen und mit dem öffentlichen Netz verbinden			Nur durch autorisierte Fachfirma
12	Solaranlage in Betrieb nehmen, Anmeldung bei Energieversorger			

4.1 Übersicht über die Arbeiten in 12 Schritten

1. Vorarbeiten, Vorbereitungen

- Den Montageort der PV-Anlage auf Eignung (Ausrichtung, Statik usw.) prüfen.
- Wo befinden sich die Übergabestelle zum öffentlichen Netz, der Zählerkasten usw.?
- Sind alte Installationen auf dem Dach zu entfernen (z. B. alte Antennenanlage, Schneefanggitter usw.)?
- Benötigt man Ersatzziegel oder spezielle Solarziegel zur Durchführung der Solarleitungen?
- Ist es erforderlich, ein Gerüst aufzustellen oder den Arbeitsbereich auf andere Weise zu sichern (z. B. durch ein Fangnetz, Sicherheitssystem wie Hüfthaltegurt usw.)?
- Erforderliche Materialien zusammenstellen und besorgen.
- Spezielles Werkzeug besorgen.

Für die Montage und Installation der PV-Anlage benötigen Sie eigentlich nur gewöhnliche Werkzeuge, wie z. B. Hammer, Schraubendreher, ein Sortiment an Gabelschlüsseln, Steckschlüssel, Rätsche, Multimeter (Vielfachmessgerät), Innensechskantschlüssel, Akkuschrauber, Bohrmaschine usw.

Lediglich bei Kabelanschlüssen und der Verwendung der systemeigenen Steckverbindungen können beim Anschluss der Modulstränge und am Wechselrichter besondere Zangen zum Konfektionieren der Stecker erforderlich sein. Dieses Problem lässt sich aber auch mit einem guten Quetschverbinder lösen (siehe auch Abb. 44).

Bei den Arbeiten auf dem Dach, vor allem bei steilen Dächern, kann ich einen Beckengurt oder Hüfthaltegurt, wie er auch von Bergsteigern verwendet wird, sehr empfehlen.

Zusätzlich ist eine Materialtasche, wie sie z. B. von Zimmerleuten verwendet wird, sehr hilfreich, um Schrauben, Beilagscheiben, Kleinwerkzeuge usw. darin aufzubewahren. Gerade, wenn Sie es nicht gewohnt sind, auf dem Dach zu arbeiten, ist es gut, so viel wie möglich schon am „Boden" vorzubereiten und z. B. die Schrauben in die Schienen vorzumontieren oder Halterungen komplett zu machen.

2. Modulstandort festlegen, Wechselrichterstandort festlegen

Nachfolgende Hinweise beziehen sich vor allem auf die Montage einer Aufdachanlage.

Bei einer Indachmontage entfallen einige Punkte zur Unterkonstruktion.

> **Mein Tipp**
>
> Bei steilen Dächern ist es hilfreich, die Werkzeuge mit einem dünnen Seil anzubinden und mit einem kleinen Karabiner auf dem Dach einzuhaken.

> **Mein Tipp**
>
> Bei den ersten Schritten auf dem Dach können Betonziegel, um einen festeren Stand zu haben oder um nachzusehen, wo der Sparren liegt, einfach hochgeschoben werden. Weiterhin helfen beim Gehen auf dem Dach Leitern, die in vorhandene Dachhaken eingehängt und mit einem Gurt gesichert werden.

Abb. 91 – Beim ersten Blick auf das geschlossene Dach stellt sich die Frage: Wo befinden sich die Sparren, auf die die Dachhaken für die Unterkonstruktion geschraubt werden können?

Abb. 92 – Der Blick auf die Dachrinnenhalter (bei einer freiliegenden Dachrinne) verhilft zu mehr Klarheit! Dort, wo die Dachrinnenhalter befestigt sind, befinden sich meist auch die Sparren. Auch die Dachfenster und der Kamin werden meist von Sparren flankiert (die Fläche breiterer Dachfenster umfasst mehrere Sparrenfelder). Ansonsten müssen Ziegel herausgenommen werden, um die Sparren zu finden. Die Sparrenabstände variieren von meist 60 bis 75 cm.

4.1 Übersicht über die Arbeiten in 12 Schritten

Abb. 93 – Das Modulfeld – bezogen auf die Sparrenlage – ausmessen, am besten die Unterkonstruktion (waagrechte Schienen, je nach System) auf das Dach legen. Modulfeld in der Höhenlage durch eine Latte auf dem Dach ermitteln. Auf Beschattungen und Dachdurchdringungen wie Lüftungsstutzen, Kamine, Antennenmasten usw. achten. Den Solargenerator so hoch wie möglich anordnen. Jedoch wenigstens eine bis zwei Reihen Ziegel zwischen den Befestigungspunkten und den Firstziegeln frei lassen. Die Firstziegel, oft auch die darunter liegenden Ziegel, sind bei älteren Häusern meist in Mörtel gesetzt und lassen sich schwer herausnehmen. Bei neueren Häusern sind die Firstziegel mit Klammern verbunden oder verschraubt und können meist nur herausgenommen werden, wenn man von einer Seite beginnend alle Firstziegel abdeckt!

Nach unten hin sollte mindestens noch eine, besser zwei Ziegelreihen Abstand zwischen Dachrinne und Modulkante sein, damit Regenwasser und Schnee vom Solargenerator in die Dachrinne gelangen können.

Die Schienen der Unterkonstruktion entweder in vorhandene Dachhaken auf das Dach oder in die Dachrinne legen, dann sehen Sie gleich die erforderlichen Abmessungen (in der Breite) wie: „Von diesem Sparren auf der linken Seite bis zu dem Sparren auf der rechten Seite kann das Modulfeld liegen". Die Schiene der Unterkonstruktion sollte am Ende max. 30 bis 50 cm über dem letzten Sparren auf der jeweiligen Seite überragen (je nach System).

3. Leitungstrasse festlegen

Siehe auch Kapitel „Leitungstrasse".

Wenn geklärt ist, wo der Solargenerator und der Wechselrichter montiert werden sollen, können die Leitungstrasse festgelegt und die Verkabelung vorbereitet werden. Die Solarleitung sollte an einer oder auch zwei günstigen Stellen aus dem Dach kommen und in den Profilschienen der Unterkonstruktion zu den Modulen geführt werden.

Für die einzelnen Modulstränge sind die Kabel unverwechselbar zu markieren und auf Länge zum Solarwechselrichter herzurichten. Einzurechnen sind die erforderlichen Wege aus dem Dachraum, durch den Solarziegel und in der Profilschiene (Unterkonstruktion)

bis hin zum Modulanschluss. Anschlüsse auf dem Dach besser nicht zu kurz bemessen! Die Kabel können auf dem Dach zumeist in den Aluprofilen der Unterkonstruktion geführt werden. Die Befestigung kann mit UV-stabilen Kabelbindern (schwarz) erfolgen. Zusätzlich sind möglicherweise Kabelschutzrohre oder Kabelkanäle nötig.

Durchbrüche

Durchführungen und Durchbrüche für die Kabel sind oft kniffelig und zeitaufwendig. Wer an seinem Haus Umbauten und Sanierungen vornimmt, weiß, wie und wo die Leitungen am leichtesten zu verlegen sind.

Es ist sinnvoll, zuerst mit einem dünnen langen Bohrer die „Suchbohrung" durchzuführen und erst danach den Durchbruch im benötigten Durchmesser zu machen.

Abb. 94 – Durch die waagrechten Schienen (Breite aller Module einer Reihe) und die Länge der Module (Höhe des Strangs) wird klar, welche Abmessungen das Modulfeld hat. Sind die Befestigungspunkte klar, so können die Ziegel an diesen Stellen herausgenommen und an einem abrutschsicheren Platz, wie z. B. auf dem Gerüst, deponiert oder durch ein Dachfenster zur vorübergehenden Lagerung ins Hausinnere gereicht werden.

Mein Tipp

Werden sehr flache Dächer mit Dachhaken bestückt, ist Vorsicht geboten. Unter 30° Dachneigung kann in Verbindung mit dem Dachhaken unter Umständen nur eine eingeschränkte Dichtigkeit erreicht werden.

Mein Tipp

Den Dachhaken mit etwas Spielraum an die Ziegel anpassen. Notfalls zwischen dem Dachhaken und dem Sparren etwas unterlegen (dünnes wasserfestes Holzbrettchen oder Alublech). Knirscht der Haken am Ziegel, so bricht der Ziegel bei Belastung, z. B. durch die Module, durch. Der Austausch des gebrochenen Ziegels ist nach Montage der Module sehr aufwendig.

4. Dachhaken und Unterkonstruktion herstellen

Abb. 95 – Je nach Ziegelart müssen Sie einen Teil der Ziegelwulst (Falz) mit dem Hammer entfernen, damit der Dachhaken nicht auf dem Ziegel knirscht bzw. der Dachhaken den darunter liegenden Ziegel durch den Druck nicht zum Brechen bringt.

Abb. 96 – Nun können Sie die Dachhaken für die Unterkonstruktion auf den Sparren aufschrauben. Je nach System können diese Dachhaken seitlich und in der Höhe verstellt bzw. versetzt werden, sodass der Abstand an die Bedingungen und die Ziegelart angepasst werden kann (Abb. a).

Alle Schrauben entsprechend Einbauanleitung fest anziehen, Gewindeschrauben nur in Verbindung mit selbstsichernden Muttern oder Federringen verwenden!

b) Wichtig für die Gesamtstatik sind die Befestigungsschrauben am Sparren. Spax sind aufgrund des geringen Querschnittes am Kopf nicht zu empfehlen, besser sind verzinkte Maschinenkopfschrauben!

4.1 Übersicht über die Arbeiten in 12 Schritten

Abb. 97 – Je nach Ziegelart müssen Sie auch einen Teil des Ziegelwulstes (Falz) des darüber liegenden Ziegels mit dem Hammer entfernen, damit der Ziegel gut auf dem Dachhaken zum Liegen kommt. Die Ziegelsplitter am besten gleich in einem angebundenen Eimer entsorgen, damit sie nicht beim Gehen auf dem Dach stören.

Abb. 98 – Sind Sie auf dem Dach alleine, so ist es beim Einsetzen des Ziegels im Bereich des Dachhakens hilfreich, einen Keil oder Meterstab so unter den darüber liegenden Ziegel zu schieben, dass der Ziegel gut eingeschoben werden kann. Sind Sie zu zweit, kann die zweite Person den oberen, nach rechts versetzten Ziegel anheben, sodass Sie den Ziegel über dem Dachhaken hineinschieben können.

Sonderdachhaken

Für nahezu alle gewöhnlichen und ungewöhnlichen Ziegelformen und Dachausbildungen gibt es auf dem Markt passende Dachhaken.

Sonderdachhaken für Schiefer oder Tegalit bis hin zu solchen, die den im südlichen Europa verwendeten „Mönch und Nonne"-Ziegeln angepasst sind, liefern Firmen für Solar-Montagetechnik wie z. B.

Abb. 99 – Sonderdachhaken für Aufdachdämmung (oberhalb der Sparren). Quelle (5)

die Schletter GmbH (siehe auch Adressen im Anhang).

Auch für Dächer mit Well-Eternit-Eindeckung oder Trapezblecheindeckungen gibt es spezielle Befestigungsteile. Üblicherweise wird beim Welldach eine Stockschraube durch die Dachhaut mit der Unterkonstruktion verschraubt. Durch eine eingefügte Dichtung, z. B. aus Kautschuk oder Teflon, werden die

Wichtiger Hinweis

Ziehen Sie alle Schrauben der Unterkonstruktion unmittelbar nacheinander an. Manchmal hält man sich an einem dieser Profile fest und wenn es nicht festgeschraubt ist, besteht die Gefahr, vom Dach abzurutschen!

Bei Hammerkopfschrauben (systembedingt) ist besonders darauf zu achten, dass sich der Hammerkopf in den Schienen vor dem Verschrauben quergestellt hat (das kann man an der Einkerbung am Schraubenende erkennen).

Montagebohrungen ausreichend isoliert.

Für Blechdächer mit stehenden Blechfalzen werden spezielle Blechfalzklammern angeboten, auf die die Unterkonstruktion der Solaranlage montiert werden kann.

Beim Altbau kann es sinnvoll sein, eine durchgängige Aufdachdämmung oberhalb der Sparren anzubringen (zur Wärmedämmung). Die Befestigung der Dachhaken ist dann mit einem Abstandshalter, dessen Länge der Dachdämmung entsprechen sollte, aufzuschrauben.

Gestell der Unterkonstruktion

Die Unterkonstruktion für die Solaranlage besteht meist aus Aluminiumprofilen, die je nach System waagrecht oder dachparallel auf die Dachhaken aufgeschraubt werden. Die Schienen sind entsprechend der Systembeschreibung auf die Dachhaken zu montieren, auszurichten und mit dem vorgeschriebenen Drehmoment anzuziehen (Vorsicht, nach „fest" kommt

„ab"!). Alle Verschraubungen auf Festigkeit kontrollieren! Durch Langlöcher kann die Unterkonstruktion an die Ziegel- und Sparrenabstände angepasst und ausgerichtet werden.

5. Module montieren

Siehe auch das Kapitel „Montage der Solaranlage".

Die Module auf das Dach zu bringen, ist normalerweise nicht schwierig. Allerdings werden die Module in immer größeren Abmessungen hergestellt und damit immer schwerer (z. B. beträgt das Gewicht eines 150-Watt-Moduls ca. 15 kg).

Ein Glücksfall, wenn ein Gabelstapler zur Verfügung steht. Mit dem Stapler kann eine ganze Palette Solarmodule zur Dachkante gehoben und die Module können auf dem Dach verteilt werden. Je nach Dachschräge werden sie zwischengelagert oder gleich Stück für Stück festgeschraubt. Wichtig ist auch, dass die Kabelanschlüsse/Stecker

Abb. 100 – Alu-Gestell auf einem nur leicht geneigten Dach mit zusätzlicher Aufständerung, um einen Anstellwinkel von 30° zu erhalten.

gleich mit dem Stecker des zuvor montierten Moduls verbunden werden. Nach dem Ablegen des Moduls die Steckerverbindung mit einem Kabelbinder an der Montageschiene befestigen, damit diese nicht auf dem Dach zu liegen kommt (Feuchtigkeit!). Kabel beim ersten und letzten Modul eines Strangs unter dem Modul herausführen und entweder gleich verlängern oder oberhalb des Moduls festbinden.

Nachdem das oder die ersten Module in der Reihe montiert wurden, diese(s) ausrichten und prüfen, ob der Winkel zur Profilschiene und zur Dachkante 90° beträgt. Für den 90°-Winkel kann auch Pythagoras zu Hilfe genommen werden: Mit einem Maßband oder einer Schnur werden die Strecken 3,0 m, 4,0 m und als Hypotenuse 5,0 m abgemessen, um zu einem rechtwinkligen Dreieck und damit zum 90°-Winkel zu kommen. Bei mehreren übereinander liegenden Modulreihen sollten Sie auch prüfen, ob alle Profilschienen auf der Anfangseite genau bündig ausgerichtet sind. Sind diese Bedingungen nicht erfüllt, bekommen Sie Probleme

Abb. 101 – Transport der Module auf das Dach mit einem Dachdeckeraufzug. Dies ist vor allem dann sinnvoll, wenn ohnehin Dacharbeiten ausgeführt werden müssen. Ansonsten lassen sich Dachdeckeraufzüge auch tageweise ausleihen.

Wichtiger Hinweis

Wird auf dem Dach montiert, ist der Bereich unterhalb des Daches abzusperren und zu sichern. In diesem Bereich darf sich niemand aufhalten. Leicht kann einmal Werkzeug oder Material vom Dach herunterfallen.

4.1 Übersicht über die Arbeiten in 12 Schritten

Abb. 102 – Seitlicher Abschlusswinkel zur Befestigung des Moduls am Montageprofil.

mit der Ausrichtung der Solarmodule zueinander (im Feld) und es kann dann passieren, dass der Solargenerator schief auf dem Dach liegt.

Wird das Dach ohnehin saniert, besteht eventuell die Möglichkeit, in Absprache mit den Dachdeckern deren Dachdeckeraufzug zur Beförderung der Module auf das Dach zu benutzen.

6. Module elektrisch verbinden

Zum Verbinden der einzelnen Module den vorher erstellten Stringplan zur Hand nehmen. In aller Regel haben die Module fertige Kabelanschlüsse mit Steckern und Buchsen, die jeweils nur zusammengesteckt werden müssen. Damit wird automatisch der Pluspol eines Moduls mit dem Minuspol des nächsten Moduls verbunden. Auch ist auf den Steckern meist die Polarität aufgedruckt. Achten Sie bitte darauf, dass die Stecker gut einrasten. Schwierig kann es werden, wenn zwei Modulreihen miteinander verbunden werden müssen und die vorhandenen An-

schlusskabel dafür zu kurz sind. Dann muss meist ein Stück Solarkabel mit Stecker und Buchse angefertigt werden. Beim System werden diese Kabelstücke eher selten mitgeliefert. Eine andere Möglichkeit ist, die Verlängerungen mit Quetschverbindern herzustellen. Dann allerdings sollten Sie die Polaritäten sorgfältig prüfen! Bei der Reihenschaltung immer den Minuspol mit dem Pluspol bzw. den Pluspol mit dem Minuspol verbinden.

Aus wie vielen Modulen ein Strang besteht, hängt von der Anlagenprojektierung ab. Grundsätzlich gilt: Die Gesamtleistung der PV-Anlage ist in möglichst wenig Strängen mit gleicher Modulanzahl und gleicher Ausgangsspannung so aufzuteilen, dass die maximale Systemspannung der Module und der Wechselrichter nicht überschritten wird (siehe auch Kapitel „Module"). Die Anlagenprojektie-

Mein Tipp

Kabel der einzelnen Strings unbedingt während der Montage entsprechend markieren.

Abb. 103 – Die Kabelverbindungen (in Übergangsbereichen) sollten vor dem endgültigen Zusammenfügen möglichst zusätzlich mit einem Schutzrohr, z. B. vor pickenden Vögeln, geschützt werden. Das Kabel kann mit einer Zugvorrichtung durch das Profil eingezogen werden.

rung machen Sie am besten mit einer entsprechenden Software (siehe auch im Kapitel: „Bedarfsermittlung, Simulationsprogramme").

7. Wechselrichter montieren

Der Montageort für den oder die Wechselrichter ist sorgfältig zu wählen. Es versteht sich von selbst, dass ein Einspeisewechselrichter nicht in explosionsgefährdeten oder feuchten Bereichen, wie z. B. in unmittelbarer Nähe eines Gastanks oder unter einem Wasserhahn, installiert werden sollte.

Die Einspeisewechselrichter sind meist schwer, die Montage sollte an einer stabilen Wand erfolgen. Im Wohnbereich die Montage bitte nicht an Gipskartonwänden und Holzverschalungen durchführen, um hörbare Vibrationen zu vermeiden. Es könnten beim Betrieb des Wechselrichters Geräusche entstehen, die als sehr störend empfunden werden.

Der Wechselrichter sollte an einem Ort montiert werden, dessen Umgebungstemperatur nicht unter –20° C und über +50° C liegt (systembedingt). Des Weiteren ist direkte Sonneneinstrahlung zu vermeiden. Bei einer Montage im Außenbereich ist auf die Schutzart zu achten (IP 65) und das Gerät sollte regengeschützt senkrecht montiert werden.

Für den besten Bedienungskomfort ist eine senkrechte Montage auf Augenhöhe (Display) sinnvoll. Bei der Montage mehrerer Wechselrichter sind entsprechende Abstände untereinander einzuhalten, damit die Abwärme der Wechselrichter entweichen kann. Ebenso sind entsprechende Abstände (systembedingt) zu seitlichen Wänden, der Decke und anderen Objekten einzuhalten.

8. Leitungsverlegung von den Modulen zum Wechselrichter

Die vom Solargenerator kommenden und zum Einspeisezähler führenden Leitungen werden am besten in Kabelkanälen verlegt. Das spart Arbeit und sieht ordentlich aus.

4.1   Übersicht über die Arbeiten in 12 Schritten

Die Steckverbindungen müssen so gesichert sein, dass sie nicht unbeabsichtigt (z. B. auch von Kindern) herausgezogen werden können. Der Plus- und der Minuspol eines Stranges sollten unmittelbar nebeneinander liegen, ansonsten entsteht zwischen den Leitern ein magnetisches Feld, welches zu Problemen führen kann.

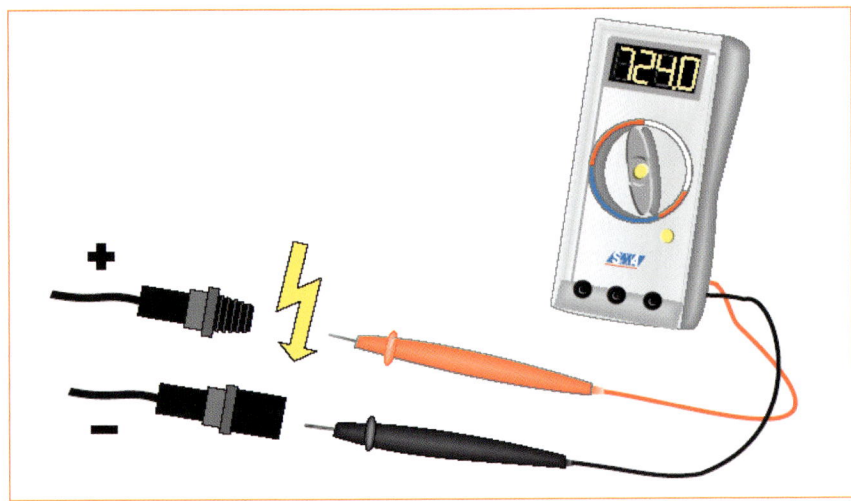

Abb. 104 – Mit einem Multimeter (Schalterstellung: Gleichspannung) können Sie Polarität und Spannung jedes Stranges überprüfen. Vorsicht: Pole nicht berühren! Quelle (3)

Bevor Sie die vom Solargenerator kommenden Kabel an den Wechselrichter anschließen, ist es sinnvoll, die Polarität (mit aller notwendigen VORSICHT vor Berührung) zu überprüfen.

9. Wechselrichter an den Zählerplatz anbinden

Die Anbindung des Solarwechselrichters an die bestehende Stromversorgung dürfen Sie nicht selbst herstellen.

Sie können den Anschluss aber vorbereiten, z. B. die Kabelkanäle montieren und die Wechselstromleitung vom Wechselrichter zum Zählerkasten, in dem der Einspeisezähler installiert wird, verlegen.

Um die Kabelverluste so gering wie möglich zu halten, prüfen Sie bitte die Kabellängen und entnehmen den erforderlichen Kabelquerschnitt der Tabelle in Abb. 105.

10. Zählerkasten und Sicherungen montieren

Sofern im vorhandenen Hauszählerkasten noch Platz für den Ein-

4.1 Übersicht über die Arbeiten in 12 Schritten

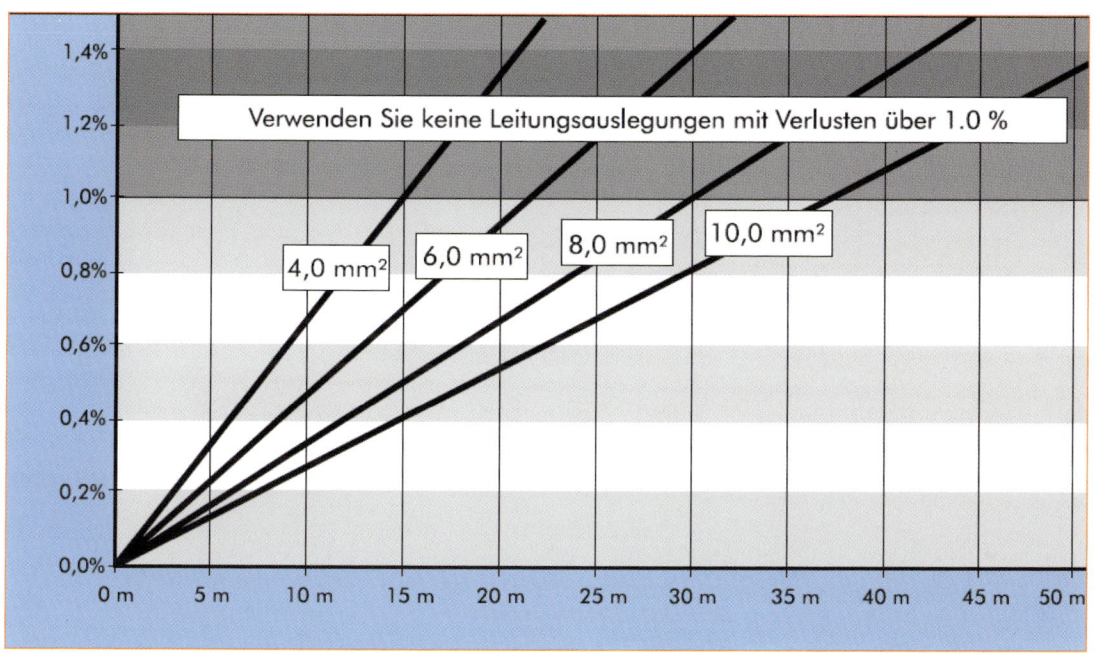

Abb. 105 – Ermittlung des Kabelquerschnittes bei entsprechender Leitungslänge. Die Querschnitte sind so zu wählen, dass der Leitungsverlust unter 1.0 % bleibt. Quelle (3)

speisezähler und die Übergabesicherungen ist, können Sie diesen Punkt überspringen. Ansonsten sollten Sie sich einen kleinen Zählerkasten, gebraucht oder neu aus dem Baumarkt, besorgen. Es sollte Platz für einen Einspeisezähler und – auf einer darunter liegenden Schiene – für die Sicherungen sein.

Sie können den Kasten an geeigneter Stelle aufstellen bzw. an die Wand schrauben.

11. Einspeisezähler anschließen und mit dem öffentlichen Netz verbinden.
Der Verknüpfungspunkt zwischen Ihrer Solaranlage und dem öffentlichen Stromnetz ist der Netzeinspeisepunkt. Der durch die PV-Anlage aus der Sonnenstrahlung umgewandelte Strom wird über den Einspeisezähler in das öffentliche Stromnetz abgegeben bzw. eingespeist.

Den elektrischen Anschluss zum öffentlichen Stromnetz darf nur ein

autorisierter Elektrofachmann durchführen. Dieser schließt den Einspeisezähler und die erforderlichen Sicherungen an und stellt die Verbindung zum öffentlichen Stromnetz her.

12. Solaranlage in Betrieb nehmen, Anmeldung beim Energieversorger
Der autorisierte Elektrofachmann hat den Einspeisezähler installiert, jetzt können Sie den Zählerstand des Einspeisezählers ablesen und

4.1 Übersicht über die Arbeiten in 12 Schritten

den Wert in das Anmeldeformular für das Energieversorgungsunternehmen eintragen. Dieser Wert ist der Anfangswert (Zählerstand), auf den sich die Vergütungsabrechnung gründet.

Nun folgt der möglicherweise spannendste Augenblick bei der Installation der Solaranlage.

> **Wichtiger Hinweis**
>
> Die Verbindungen der Verkabelung entweder bei bedecktem Himmel oder bei abgedecktem Solargenerator ausführen. Gefahr von Lichtbogen.

Wenn die Arbeiten an der restlichen Anlage fertiggestellt sind, können nun der DC-Trennschalter und die Sicherungen geschlossen werden und sofern die Sonne scheint, fangen die Wechselrichter an zu brummen oder zu ticken, das Zählerrädchen macht die ersten Umdrehungen und dann wird der erste Strom von Ihrer Photovoltaikanlage in das öffentliche Stromnetz gebracht!

Herzlichen Glückwunsch, Sie sind jetzt selbstständiger Kraftwerksbetreiber!

5 Die Solaranlage steht still

5   Die Solaranlage steht still

*H*ilfe … *Die Solaranlage steht still, die rote Warnlampe am Wechselrichter leuchtet!*
Was ist los, was kann ich tun?

Solaranlagen sind sehr sicher und arbeiten durch die über Jahrzehnte ausgereifte Technik in aller Regel wartungsarm und sehr zuverlässig. Trotzdem kann es Störungen geben oder den Anschein haben, dass eine Betriebsstörung auftritt. Gerade für diesen Fall ist es sinnvoll, zuerst einmal die möglichen Ursachen zu verstehen. Dazu soll und kann dieses Kapitel beitragen.

Wichtiger Hinweis

Um Schäden und Gefahrensituationen zu vermeiden, sind bei Arbeiten an der PV-Anlage folgende Regeln zu beachten:

- Die Netztrennung (durch den Leitungsschutzschalter in der Einspeiseleitung) ist der erste Schritt jeder Anlagenwartung.
- Den PV-Generator mit dem DC-Freischalter freischalten, sofern vorhanden.
- In den normalen Installations-, Wartungs- und Betriebssituationen kann dann der PV-Generator über die Steckverbinder vom Wechselrichter getrennt werden.

5.1   Störungen, Ursachen, Behebung

In nachfolgender Tabelle sind einfache Betriebsstörungen und sichtbare Schäden an der Solaranlage aus den Erfahrungen des praktischen Betriebes aufgeführt. Sofern noch Garantieleistung besteht, sollten Sie zuerst mit dem Installateur bzw. dem Hersteller in Kontakt gehen, bevor Sie selbst Hand anlegen. Meldet der Wechselrichter „Störung", besteht evtl. die Möglichkeit, den Störungscode über das Display des Wechselrichters abzulesen und mit dem Support des Anlagenherstellers bzw. der Wechselrichterfirma Kontakt aufzunehmen.

Störung	Ursache	Behebung
Leistung ungenügend, Wechselrichter heiß	Wechselrichter schaltet öfter ab, Umgebungstemperatur zu hoch	Zusätzliche Lüftung herstellen
Leistung ungenügend, Wechselrichter schaltet öfter ab	Netzstörungen	Entstörung, wenn möglich Anschluss an andere Phase der Netzleitung
Anlage arbeitet nicht, Anzeige „Störung"	Wechselrichter defekt	Störungscode herauslesen und Support mitteilen Wechselrichter austauschen
Anlage arbeitet nicht, keine Anzeige am Wechselrichter	DC-Trennschalter unterbrochen	Funktion prüfen oder prüfen lassen, wenn defekt, austauschen
Anlage arbeitet nicht, Anzeige „Netzstörung"	Arbeiten am öffentlichen Netz, Stromausfall	Abwarten, eventuell bei Netzversorger nachfragen
Leistung ungenügend	Modul defekt, Bypassdiode defekt	Module auf sichtbare Schäden überprüfen (siehe Abb. 107), einzelne Stränge ausmessen. Module austauschen
Leistung ungenügend	Steckverbindung/Zuleitung/ Sicherung defekt	Sichtprüfung der Steckverbindungen, mechanische Prüfung auf festen Sitz; kontakt herstellen, evtl. neue Stecker montieren; defekte Sicherungen nach Mängelbehebung ersetzen.
Leistung ungenügend	Module verschmutzt, teilverschattet, z. B. durch Blätter	Module reinigen
Wasser dringt in das Haus ein	Ziegel unvollständig eingedeckt, Ziegel unter dem Dachhaken gebrochen	Bei Trockenheit mit Gießkanne Schadstelle einkreisen, zur Not Module abnehmen und Stelle abdichten

5.1 Störungen, Ursachen, Behebung

Abb. 106 – Obwohl die Zellen defekt aussehen, sind sie in Ordnung. Es handelt sich um ein 27 Jahre altes Modul, bei dem die Solarzellen allmählich die Absorptionsbeschichtung verlieren.

Bei modernen Solaranlagen ist es ähnlich wie bei unseren Autos. Je moderner und komplexer die Solaranlagen werden, desto schwieriger wird es, die Ursachen einer Störung eindeutig herauszufinden.

Die meisten Wechselrichter haben jedoch ein ausgeklügeltes Diagnosesystem, mit dem relativ schnell die Störungsursache herausgefunden werden kann. Möglicherweise sind auch mehrere Ursachen für eine Störung verantwortlich. Im Zweifelsfall bitten Sie den Solarexperten um einen Servicetermin.

5.1 Störungen, Ursachen, Behebung

 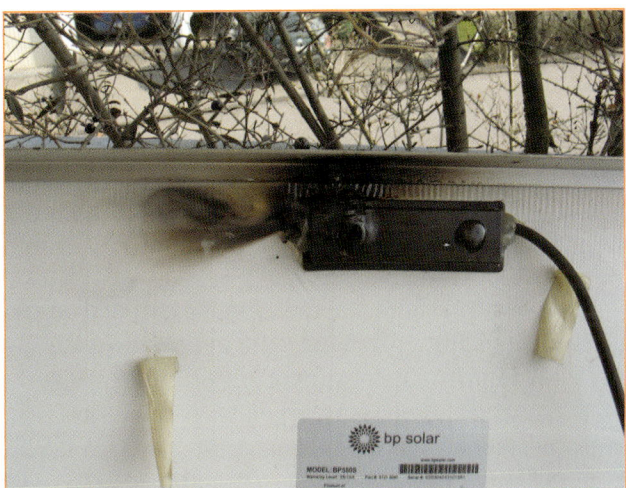

Abb. 107 – Schadhaftes Modul, zu sehen ist der Schaden in Form eines Brandfleckes und des gesprungenen Abdeckglases als Folge (Vorderseite), auf der Rückseite ein Durchschmoren an der Kabeldose.

Abb. 108 – Unter dem Dachhaken gebrochener Ziegel, an dieser Stelle ist dann das Regenwasser in den Dachraum eingedrungen.

5.2   Wartung der Solaranlage, Gewährleistung

Wie jede technische Anlage benötigt auch Ihre Solaranlage eine regelmäßige Wartung. Da eine PV-Anlage sehr wartungsarm ist, beschränken sich die Wartungsarbeiten auf Leistungskontrolle und Sichtprüfungen.

Weitere Empfehlungen zur Wartung finden Sie auch im Handbuch oder in den Wartungsunterlagen des Systemherstellers.

Sollte eine Fachfirma an der Installation beteiligt gewesen sein, so ist es sinnvoll, dass der Handwerker die Inbetriebnahmen der Anlage durchführt und ein dementsprechendes Betriebsprotokoll sowie die Planunterlagen der Anlagenverschaltung erstellt. Auch stehen Ihnen im Rahmen der Gewährleistung (BGB 5 Jahre lang) eine Mängelbehebung bzw. entsprechende Garantieleistungen zu. Des Weiteren steht Ihnen eine Leistungsgarantie für die Solarmodule zu. Diese geht aus den Unterlagen (Besondere Gewährleistungsbedingungen des Solarmodulherstellers) hervor und wird in der Regel angegeben wie folgt (als Beispiel):

„Für die im Folgenden aufgelisteten Standard-Solarmodultypen wird eine Modulleistung während eines Zeitraumes ab Auslieferung an den Endkunden von:

12 Jahren von mindestens 90 % sowie
25 Jahren von mindestens 80 % gewährleistet.

Die im Datenblatt ausgewiesene und bei Auslieferung spezifizierte Minimalleistung wird gewährleistet mit den im Beiblatt und auf den Modulen aufgelisteten Modulnummern."

Die Modulleistungen wurden vor Auslieferung vom Hersteller unter Standardtestbedingungen gemessen (25 °C Zellentemperatur, Einstrahlung 1000 W/m² und Spektrum AM 1,5).
Dieses Messprotokoll sollten Sie sich unbedingt aushändigen lassen und über die Lebensdauer des Solargenerators aufheben. Ansonsten wird es schwierig, z. B. nach 23 Jahren einen Leistungsabfall nachzuweisen, der von der gewährleisteten Leistung abweicht.

Nr.	Wartungsarbeiten	Gegenstand	Maßnahme	Zeitintervall, Jahre
1	Kontrolle Einspeisezähler	Zähleranzeige verändert sich	Sichtkontrolle, notieren des Zählerstandes	Zu Beginn mehrmals
2	Solargenerator, Modulbefestigung	Verschmutzung? Mechanische Schäden? Verschraubungen fest?	Sichtkontrolle	1 x pro Jahr
3	Verkabelung	Mechanische Beschädigung, z. B. durch Tiere	Sichtkontrolle	1 x pro Jahr

6 Anhang

6.1 Förderung

Die Förderungen und die Finanzierungsmöglichkeiten von PV-Anlagen verändern sich ständig. Daher möchte ich Ihnen die entsprechenden Ansprechstellen als Hilfe zur Hand geben, bei denen Sie sich nach den aktuellen Möglichkeiten erkundigen können. Grundsätzlich kann ich die Umweltbank und die Kreditanstalt für Wiederaufbau (KFW) empfehlen. Beide kennen sich mit der Finanzierung von PV-Anlagen gut aus. Des Weiteren erhalten Sie Informationen bei Ihrem Energieversorgungsunternehmen, bei Banken und Sparkassen, der kommunalen Baubehörde und auf dem Rathaus Ihrer Stadt oder Gemeinde.

Für ein Energiespardarlehen sollten folgende Unterlagen vorhanden sein (je nach Bundesland):

- detaillierter Kostenvoranschlag/Angebot,
- aktuelle Grundbuchabschrift (unbeglaubigt),
- Planungsunterlagen des Gebäudes,
- Einkommensnachweise,
- Kopie Gebäudeversicherungspolice,
- Fotos vom Gebäude,
- Beschreibung der Anlage.

6.1 Förderung

Institution			Internet
KFW Tel. 01801-335577		Kreditanstalt für Wiederaufbau	www.kfw-foerderbank.de
Umweltbank AG D-90489 Nürnberg Fax 0911-5308-259		Finanzierung von PV-Anlagen	solarkredit@umweltbank.de
BSW Tel. 08000 12-333	Bundesverband Solarwirtschaft	Energieeinsparprogramm Altbau Impulsprogramm Altbau	www.impuls-programm-altbau.de www.Energiesparcheck.de
L-Bank Karlsruhe			www.energiespar@l-bank.de
BINE		Informationsdienst Förderungen	www.energieförderung.info/
Solarfördervereine			
Solarenergie Förderverein e. V.		Informiert über Umwandlung und Förderung von Solarstrom	www.sfv.de
Stuttgart Solar e. V.	Gemeinnütziger wissenschaftlicher Verein	Verein für Sonnenenergie	www.stuttgart-solar.de
DBV-Winterthur D-50996 Köln Tel. 0180-3202160	Beispiel: Versicherung für Solaranlagen		

6.2 Einstrahlungsscheibe

Nachfolgend die Bastelanleitung zur Anfertigung der Einstrahlungsscheibe:

1. Die Scheiben Nr. 1 und Nr. 2 aus Abb. 109 mit einer Schere oder einem scharfem Messer ausschneiden.
2. In der Scheibe Nr. 1 zusätzlich mit dem Messer das weiße Sichtfenster herausschneiden.

3. Kleben Sie die Scheibe Nr. 2 auf eine alte CD (für irgendwas müssen die ja auch noch gut sein!).
4. Unter die CD noch eine Unterlegscheibe aus Karton, Durchmesser ca. 3 cm, dazufügen.
5. Die drei Scheiben (Nr. 1 + Nr. 2 + Unterlegscheibe) jeweils in der Mitte durchstoßen.

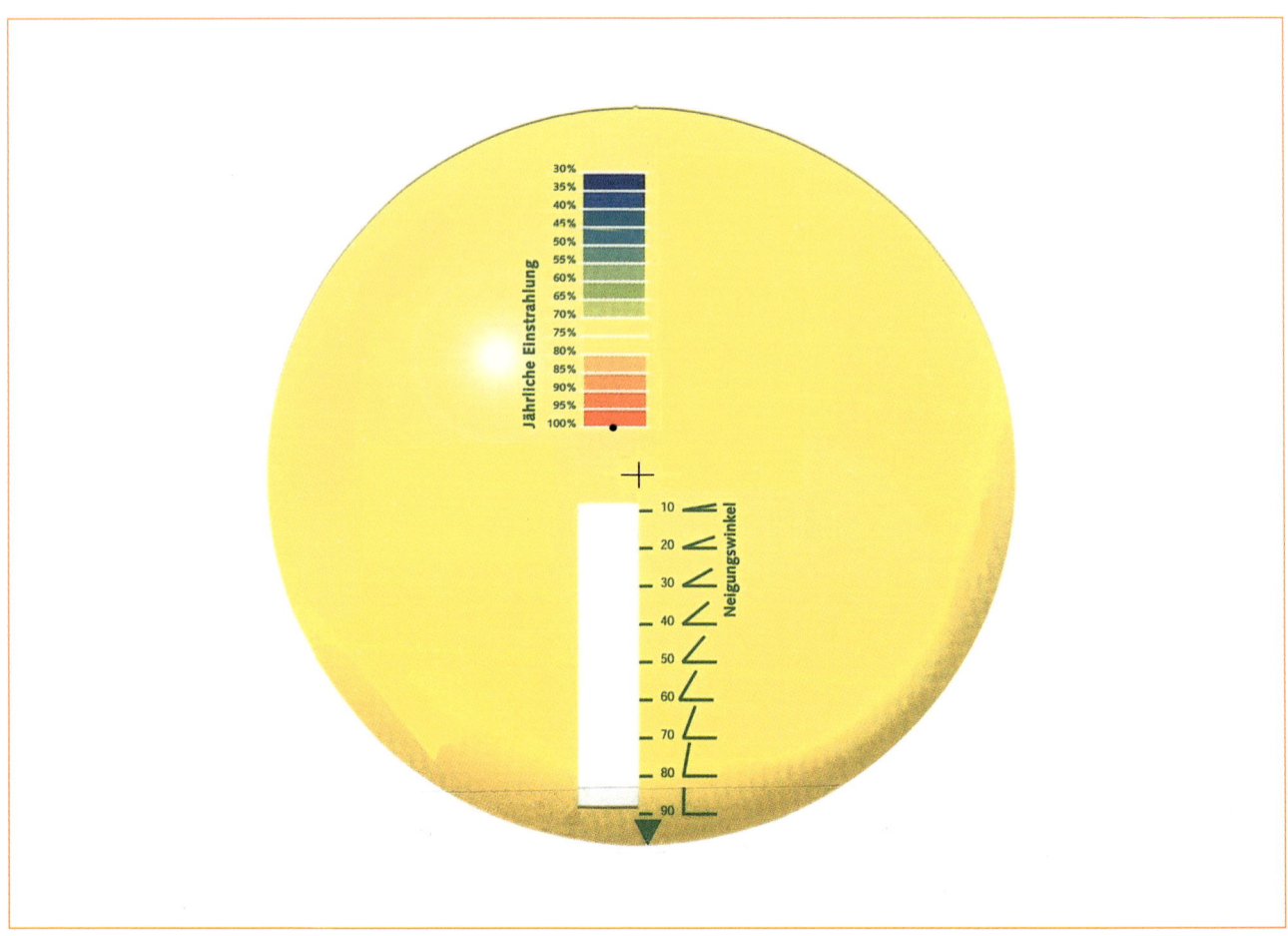

Abb. 109 – Scheibe Nr. 1 mit einem Durchmesser von 9,7 cm und Scheibe Nr. 2 mit einem Durchmesser von 12 cm (evtl. Größe beim Kopieren anpassen).

6.2 Einstrahlungsscheibe

6. Die Scheiben übereinander legen. Scheibe Nr. 1 oben, Scheibe Nr. 2 unten, darunter die CD und zuletzt die Unterlegscheibe. Mit einer Postklammer, einer Niete oder einer Schraube die Scheiben drehbar fixieren.

7. Im Sichtfenster lässt sich nun die solare Einstrahlung ablesen, indem die obere Scheibe auf die entsprechende Himmelsrichtung eingestellt wird (passend zur Himmelsrichtung und zum Neigungswinkel).

Viel Erfolg beim Basteln Ihrer Einstrahlungsscheibe!

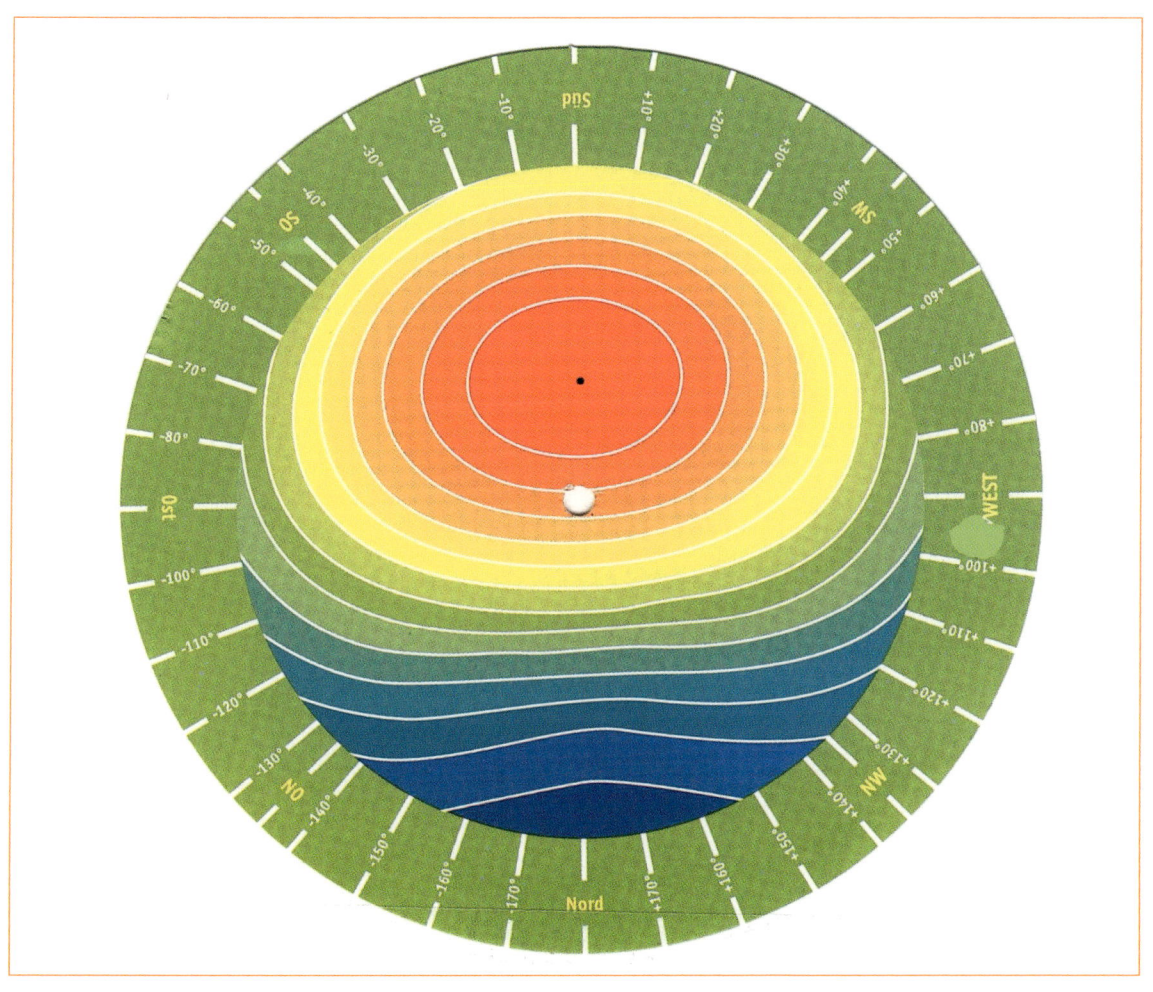

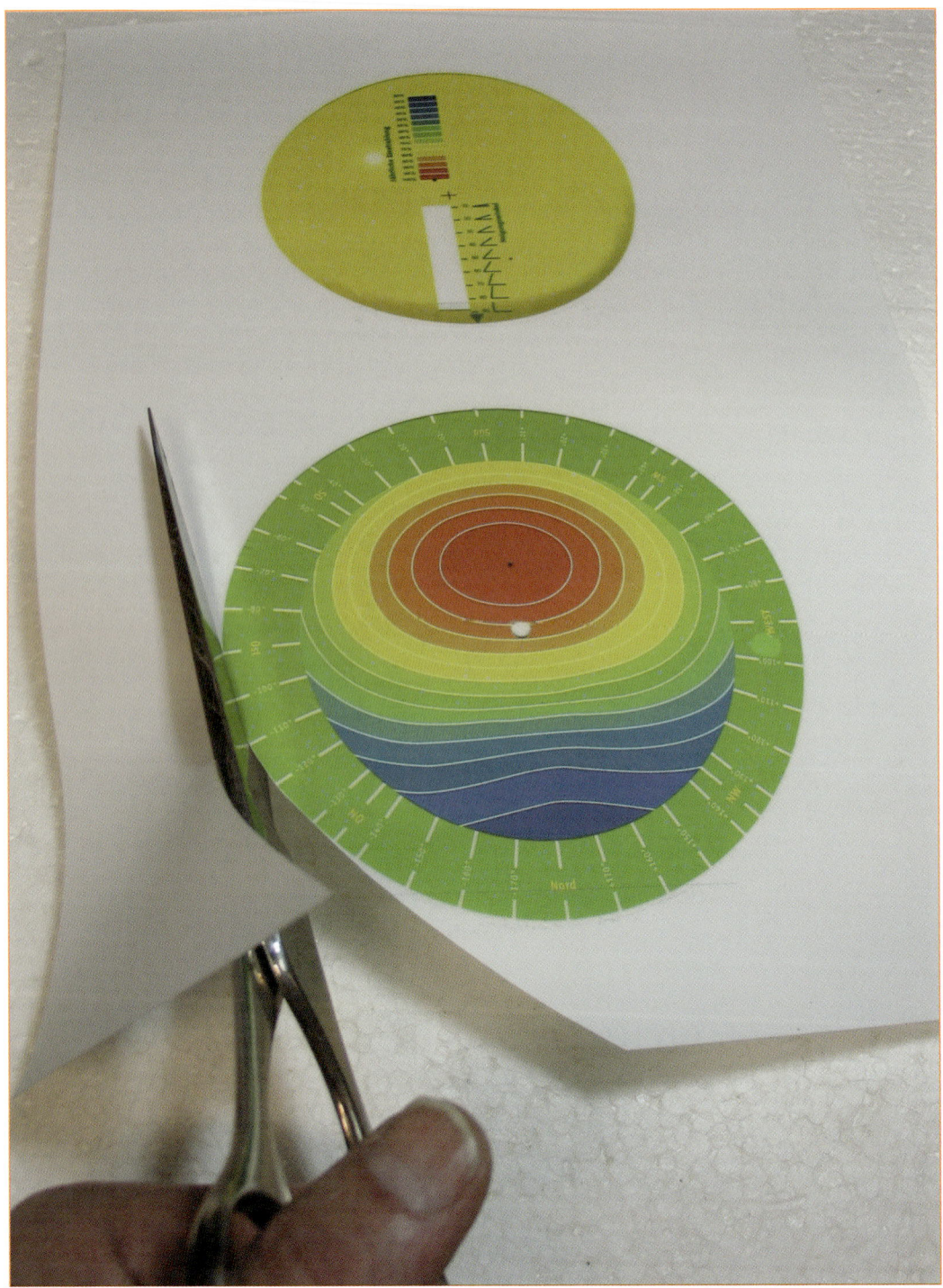

Abb. 110 – Ausschneiden der Scheiben mit der Schere.

6.3   Sonnendiagramme

Das Sonnendiagramm aus Abb. 112 einscannen und auf eine transparente Folie kopieren (z. B. Overheadfolie). Entsprechend Abb. 113 ein Holzbrettchen (ca. 20 mm dick) mit der Stichsäge aussägen. Die Folie auf diesem halbrunden Holzbrettchen mit Reißnägeln fixieren. Zur besseren Anwendung können Sie an das halbrunde Brettchen unten noch einen Griff anschrauben (Holzstab oder Fahrradgriff). Dann, wie auf dem Foto abgebildet, das Holzbrettchen waagrecht halten oder auf eine waagrechte Fläche auflegen und über die eingesägte vordere Ausbuchtung in Richtung der Sonnenkurve (z. B. für 21. März) schauen. Die Markierung mit einem Kompass in Richtung Süden ausrichten. Wenn Sie nun durch die Folie in Richtung Süden schauen, sehen Sie am Horizont die Schatten werfenden Hindernisse und im Vordergrund die Sonnenbahn entsprechend der Jahreszeit.

Das in Abb. 112 abgedruckte Diagramm ist für den 49. Breitengrad (Mitteldeutschland) berechnet. Andere Breitengrade verändern das Diagramm geringfügig. Eine Möglichkeit, das Diagramm auch für andere Breitengrade zu nutzen (über den Daumen), ist: Wenn Ihr Standort südlicher (z. B. auf dem 48. Breitengrad) liegt, heben Sie das Brettchen etwas an. Ist der Standort nördlicher (z. B. auf dem 50 Breitengrad), neigen Sie das Brettchen etwas nach vorne.

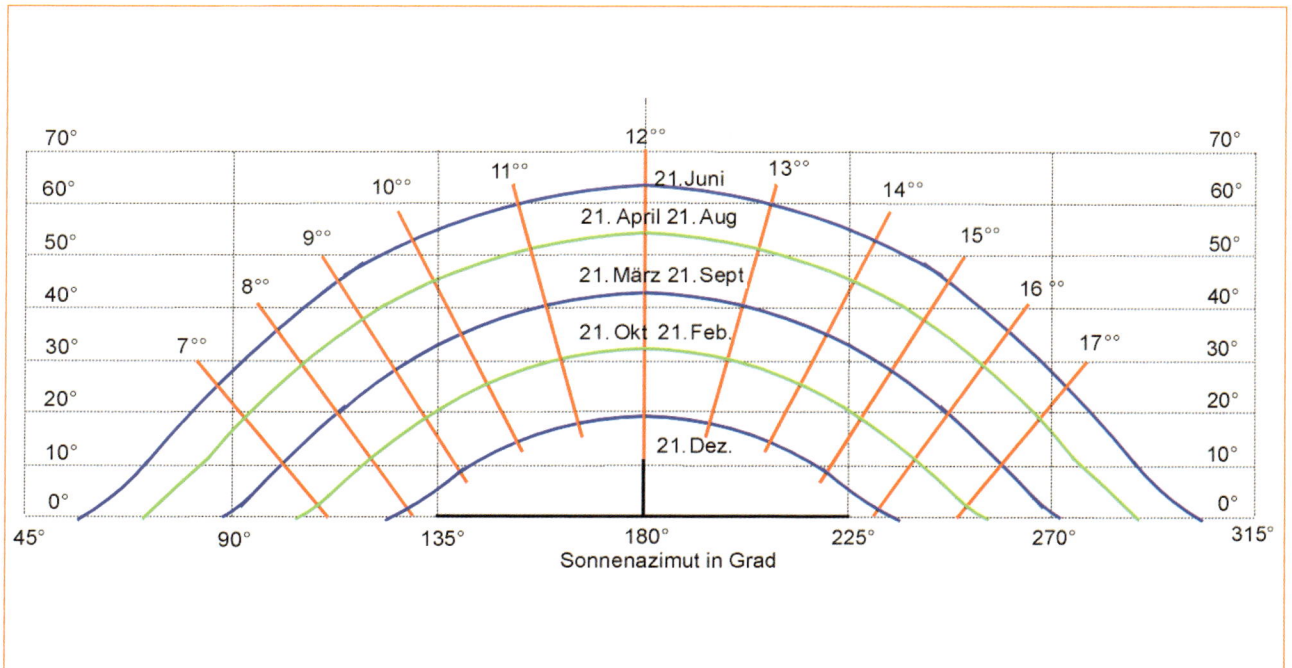

Abb. 111 – Das Diagramm ist für eine geografische Breite von 49° ausgelegt (Mitteldeutschland). Es sind die Sonnenbahnen aufgezeichnet. Der Höchststand ist am 21. Juni, 12 Uhr mittags, der Tiefststand am 21. Dezember. Die Kurve für April entspricht der Kurve für August, die für März der für September und die für Februar der für Oktober.

117

6.3 Sonnendiagramme

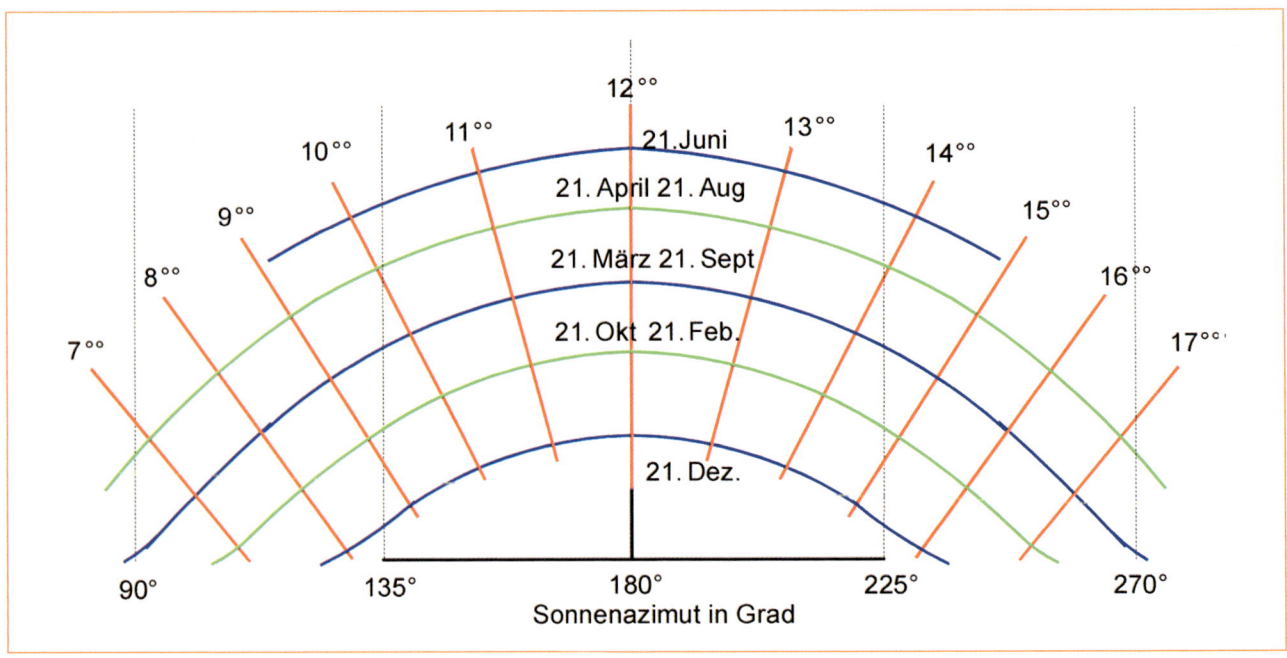

Abb. 112 – Ein Ausschnitt des Sonnendiagramms zum Kopieren auf eine durchsichtige Overheadfolie. Die Länge des Diagramms sollte zur Darstellung von 90° bis 270° des Sonnenazimutes ca. 24 cm betragen (Größe beim Kopieren anpassen, mit dem Kopierer vergrößern).

Bedeutende Schattenwerfer werden so auf jeden Fall erkannt und können mit einem Folienschreiber auf der Folie festgehalten werden!

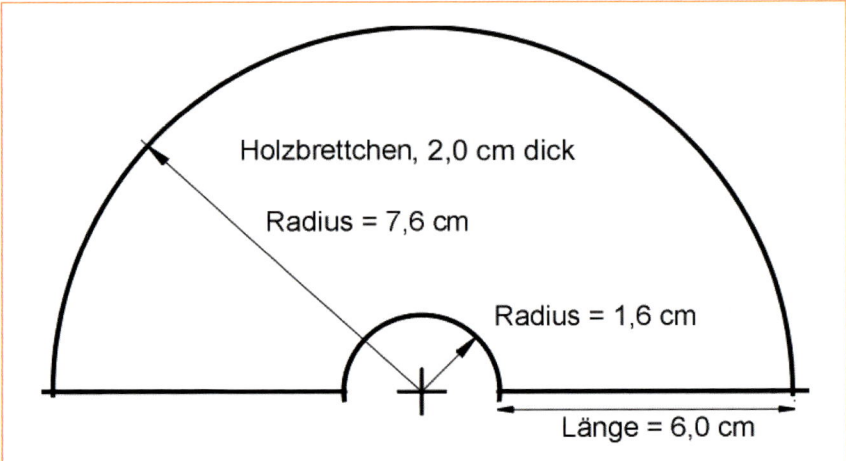

Abb. 113 – Das halbrunde Holzbrettchen entsprechend der Zeichnung mit einer Stichsäge aussägen.

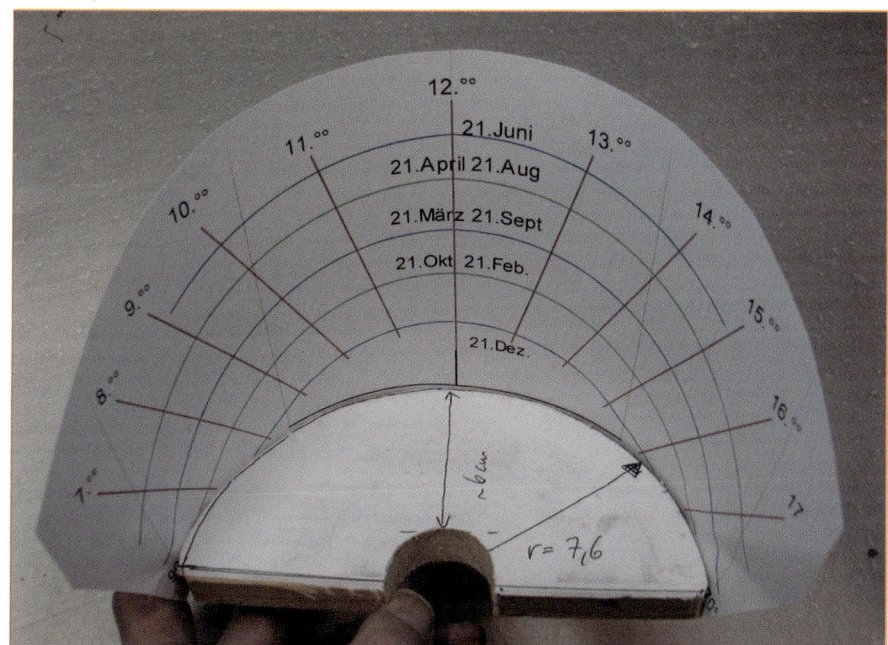

Abb. 114 – Diagramm im Entwicklungsstadium auf dem halbrunden Holzbrettchen mit Reißnägeln befestigt.

Abb. 115 – Sonnendiagramm in der praktischen Anwendung.

6.4 Projektierungsbeispiel

Berechnung und Auslegung einer (für das private Dach) beispielhaften PV-Anlage mit ca. 5 kWpeak (4,3 kWp).

Im Folgenden wird mit Hilfe einer Simulationssoftware die Anlagenauslegung geplant und berechnet.

Nach dem Download und der Installation des Simulationsprogramms werden in die Eingabefenster die Rahmenbedingungen wie die geografische Lage, die geplante Anlagengröße, die Leitungswege und die Auswahl der Komponenten wie Solarmodule und Wechselrichter eingegeben.

Solarstrahlung und Lage

Durch die Eingabe der geografischen Lage (Pos 1) ermittelt das Programm die globale Sonneneinstrahlung (Pos 2).

Durch die Angabe von Dachausrichtung (Pos 3) und Dachneigung (Pos 4) und mit Hilfe von gespeicherten Erfahrungswerten errechnet das Programm den spezifischen Ertrag (Pos 8).

Voraussichtlicher Ertrag

Anhand des spezifischen Ertrages (Pos 8) und der Einspeisevergütung (Pos 6) sowie der Leistung des Solargenerators (Pos 9-13) und der Leistungsdaten des ausgewählten Wechselrichters wird die Jahresvergütung (Pos 7) errechnet.

Anlagenauslegung

Das Programm prüft, ob die eingegebene Anlagenkonfiguration optimal funktionieren kann und gibt dies durch entsprechende Kommentare wie: „optimal" (in grüner Schrift), „in Ordnung" (blau) oder auch „Fehler" (in rot) an.

Leitungen und Verluste

In dieser Simulation wurde absichtlich von großen Entfernungen bei den Leitungslängen ausgegangen, um die Problematik der Leitungsverluste deutlich zu machen. Je kürzer die Leitungen sein können, desto besser!

Abb. 116 – PV-Anlage projektiert auf einem Süddach mit ca. 30°

Pos		Parameter
1	PLZ-Gebiet:	71111 (Süddeutschland)
2	Einstrahlung (global):	1100 kWh/m² pro Jahr
3	Ausrichtung:	Süden (0°)
4	Dachneigung:	30°
5	Eingespeiste Leistung	4015,67 kWh
6	Einspeisevergütung (2007)	0,492 EUR
7	Jahresvergütung	1975,71 EUR
8	Spezifischer Ertrag	929,55 kWh/kWp
9	PV-Modul	120 Wp
10	Modultemperatur min.	−10°C
11	Modultemperatur max.	+70°C
12	Anzahl Module pro Strang	12
13	Anzahl der Stränge	3

Mein Tipp

Durch Reihenschaltung von kleineren Modulen, z. B. 120 bis 150 Watt, benötigt man zwar mehr Module pro Strang (oder weitere Stränge), um auf die gleiche Leistung zu kommen, dafür ist aber der Modulstrom kleiner, was sich wiederum positiv auf die Verluste (z. B. im Kabel) auswirkt. Kleinere Module bedeuten zwar mehr Montageaufwand, lassen sich aber leichter auf das Dach bringen und, je nach Situation, gestalterisch besser anordnen. Profifirmen bauen aufgrund des geringeren Montageaufwandes gerne größere Module ein.

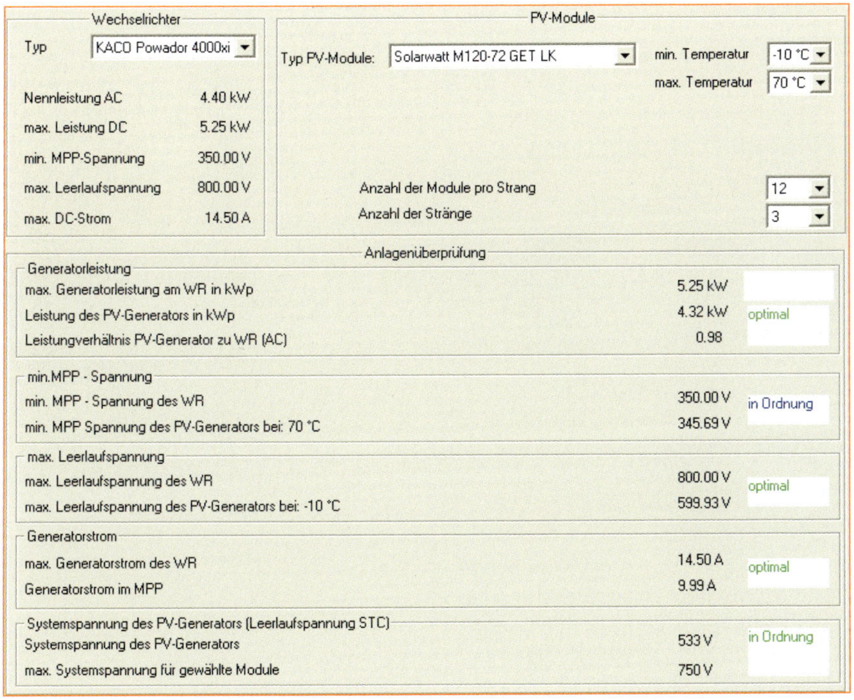

Abb. 117 – Benutzeroberfläche mit Auswahlmöglichkeit des Wechselrichters und der Module. Das Programm prüft, ob die Komponenten zueinander passen und in der Kombination optimale Erträge bringen. Für den Fall, dass der ausgewählte Wechselrichter nicht zu den ausgewählten Modulen passen sollte, wird eine Empfehlung abgegeben. Quelle (6)

6.4   Projektierungsbeispiel

Pos	DC-Leitungen	Maßangabe
	PV-Generator – Anschlusskasten	
	Einfache Länge:	10,00 m
	Leitungsquerschnitt:	4 mm²
	Anschlusskasten – Wechselrichter	
	Einfache Länge:	25,00 m
	Leitungsquerschnitt:	4 mm²

Pos	AC-Leitungen	Maßangabe
	Wechselrichter – Einspeisezähler	
	Einfache Länge:	10,00 m
	Leitungsquerschnitt:	4 mm²

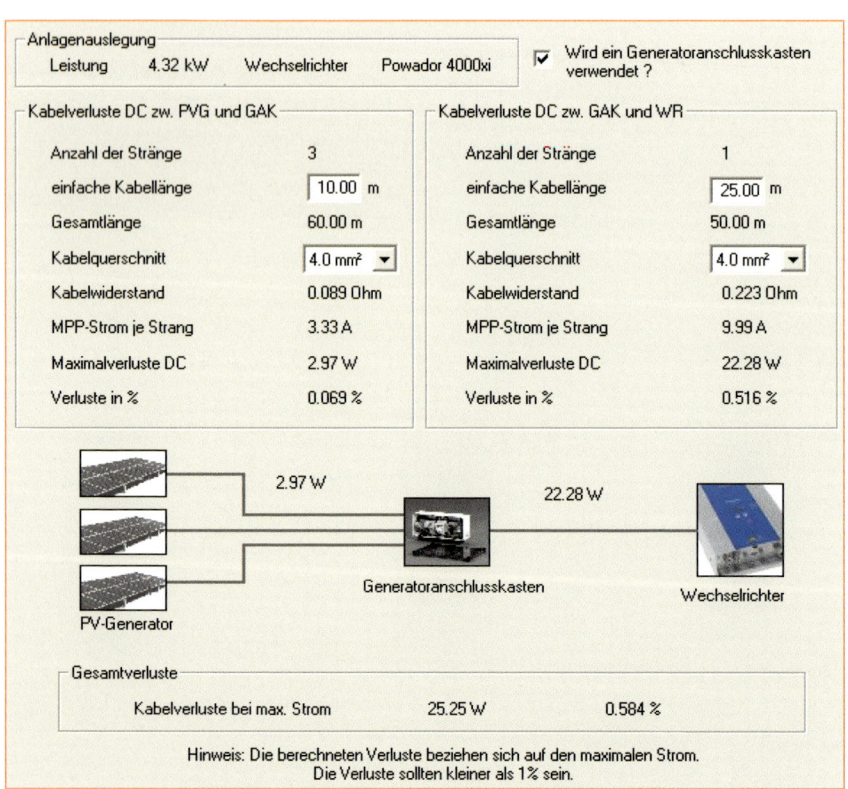

Anlagenauslegung

Leistung	4.32 kW	Wechselrichter	Powador 4000xi	☑ Wird ein Generatoranschlusskasten verwendet ?

Kabelverluste DC zw. PVG und GAK

Anzahl der Stränge	3
einfache Kabellänge	10.00 m
Gesamtlänge	60.00 m
Kabelquerschnitt	4.0 mm² ▼
Kabelwiderstand	0.089 Ohm
MPP-Strom je Strang	3.33 A
Maximalverluste DC	2.97 W
Verluste in %	0.069 %

Kabelverluste DC zw. GAK und WR

Anzahl der Stränge	1
einfache Kabellänge	25.00 m
Gesamtlänge	50.00 m
Kabelquerschnitt	4.0 mm² ▼
Kabelwiderstand	0.223 Ohm
MPP-Strom je Strang	9.99 A
Maximalverluste DC	22.28 W
Verluste in %	0.516 %

2.97 W   22.28 W

PV-Generator   Generatoranschlusskasten   Wechselrichter

Gesamtverluste

Kabelverluste bei max. Strom	25.25 W	0.584 %

Hinweis: Die berechneten Verluste beziehen sich auf den maximalen Strom.
Die Verluste sollten kleiner als 1% sein.

Abb. 118 – In die Fenster dieser Benutzeroberfläche können Sie die Kabelwege für die Gleichstromseite, d. h. für die Verbindung zwischen Solargenerator und Wechselrichter, eingeben und erhalten die entsprechenden Verluste in Prozent- und Leistungsangabe. Ist der Verlust größer als ein Prozent, so sollten Sie unbedingt Kabel mit einem größeren Querschnitt verwenden. Quelle (6)

6.4 Projektierungsbeispiel

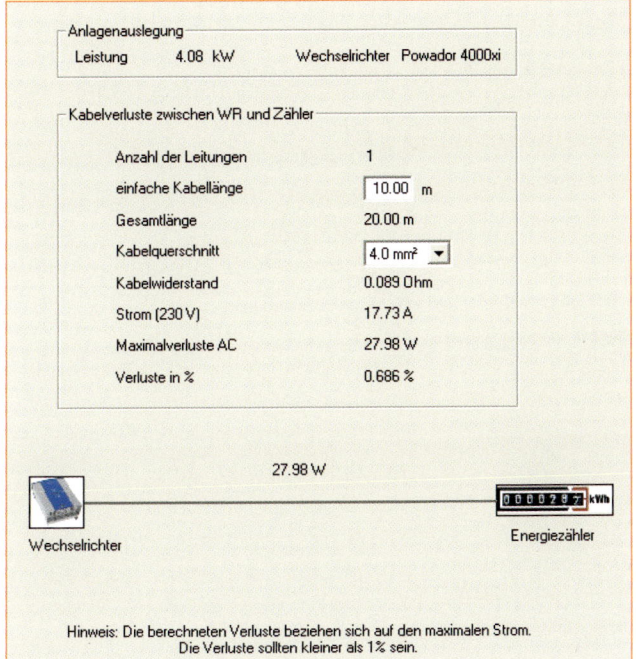

Abb. 119 – Schließlich ist noch die Kabellänge zwischen Wechselrichter und Einspeisezähler zu ermitteln und einzugeben. Auch hier sollte der Kabelverlust unter einem Prozent liegen. Selbst Fachleute unterschätzen die Kabelverluste zwischen dem Wechselrichter und dem Einspeisezähler häufig. Sie sehen am Beispiel, dass bei einer Leitungslänge von 10 m und einem Kabelquerschnitt von immerhin 4 mm² der Verlust bei 0,7 % liegt. Quelle (6)

Erträge

Entsprechend der jahreszeitlichen Sonneneinstrahlung und des spezifischen Ertrages aus Pos. 8 werden die monatlichen Erträge berechnet.

Monat	kW/h	Monat	kW/h
Januar:	83,03	Juli:	602,28
Februar:	153,11	August:	524,59
März:	308,43	September:	361,40
April:	422,83	Oktober:	207,30
Mai:	558,82	November:	101,08
Juni:	630,30	Dezember:	62,50
1. Halbjahr	2156,52	2. Halbjahr:	1859,15
		Gesamtjahr:	**4015,67**

Hinweis

Die berechneten Erträge sind simuliert und stellen somit nur eine Schätzung dar.

6.4 Projektierungsbeispiel

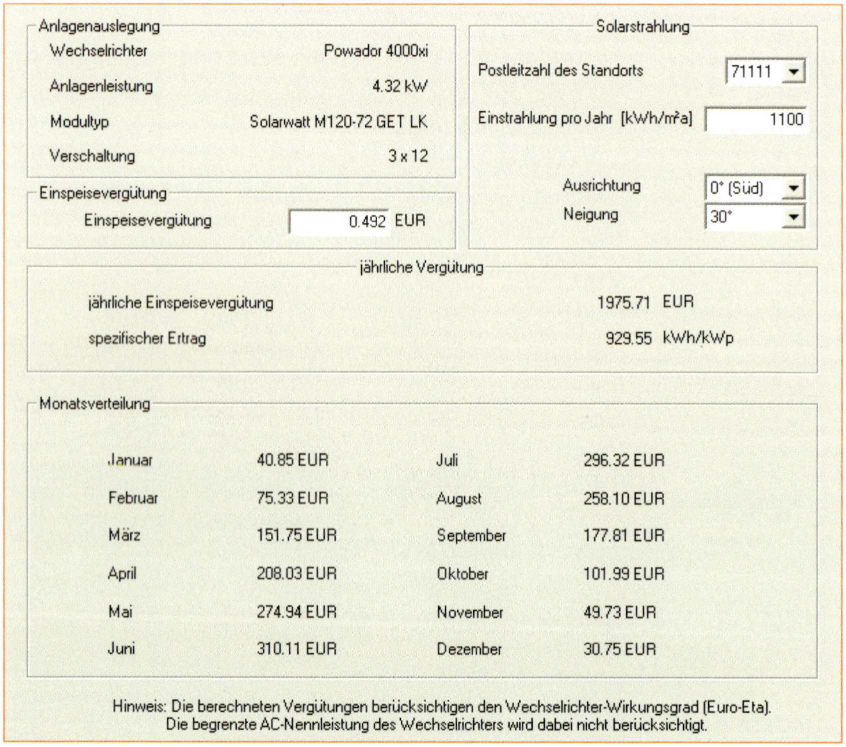

```
┌─ Anlagenauslegung ──────────────────────┐  ┌─ Solarstrahlung ────────────────────────┐
│  Wechselrichter              Powador 4000xi │  Postleitzahl des Standorts      [71111 ▼] │
│  Anlagenleistung                   4.32 kW  │  Einstrahlung pro Jahr [kWh/m²a]   [1100]  │
│  Modultyp          Solarwatt M120-72 GET LK │                                            │
│  Verschaltung                      3 x 12   │  Ausrichtung              [0° (Süd) ▼]     │
└─ Einspeisevergütung ───────────────────────│  Neigung                  [30°     ▼]     │
│  Einspeisevergütung     [    0.492] EUR     └────────────────────────────────────────┘
```

jährliche Vergütung

jährliche Einspeisevergütung	1975.71 EUR
spezifischer Ertrag	929.55 kWh/kWp

Monatsverteilung

Januar	40.85 EUR	Juli	296.32 EUR
Februar	75.33 EUR	August	258.10 EUR
März	151.75 EUR	September	177.81 EUR
April	208.03 EUR	Oktober	101.99 EUR
Mai	274.94 EUR	November	49.73 EUR
Juni	310.11 EUR	Dezember	30.75 EUR

Hinweis: Die berechneten Vergütungen berücksichtigen den Wechselrichter-Wirkungsgrad (Euro-Eta). Die begrenzte AC-Nennleistung des Wechselrichters wird dabei nicht berücksichtigt.

Abb. 120 – Nach Eingabe des Vergütungssatzes, entsprechend dem EEG, errechnet das Programm die monatliche und jährliche Einspeisevergütung, die Sie für Ihren Solarstrom vom Energieversorger erhalten. Quelle (6)

Anhand der simulierten und errechneten Erträge können Sie nun die Amortisationsdauer Ihrer PV-Anlage berechnen (der Zeitraum, bis die Erträge Ihrer Solaranlage die aufgewendeten Kosten ausgeglichen haben).

In den darauf folgenden Jahren erwirtschaftet Ihr Solarkraftwerk die Einspeisevergütung direkt für Ihren Geldbeutel. Bei guten Modulen und einer sorgfältig ausgeführten Anlagentechnik kann die Gesamtlebensdauer einer PV-Anlage weit über 30 Jahre betragen. Auch wenn die gesetzliche Einspeisevergütung nach 20 Jahren abgelaufen sein wird, so bin ich mir doch sicher, dass Strom auch in Zukunft gut verkauft werden kann.

In diesem Sinne, wünsche ich Ihnen gute Erträge auf lange Zeit!

6.5 Quellenverzeichnis

Mit freundlicher Genehmigung der angegebenen Firmen und Institutionen wurden die mit Quelle (x) versehenen Abbildungen zur Veröffentlichung in diesem Buch freigegeben und von den Firmen zur Verfügung gestellt.

An dieser Stelle möchte ich mich ganz herzlich bei diesen Firmen und den zuständigen Mitarbeitern und Mitarbeiterinnen für die freundliche Unterstützung bedanken.

1 Deutscher Wetterdienst, Klima- und Umweltberatung Hamburg,
www.dwd.de

2 Darstellungen mit Hilfe des Programms: Polysun-4
Institut für Solartechnik SPF
www.polysun.ch

3 Fa. SMA Technologien AG
www.SMA.de

4 Fa. Conrad Elektronic
www.conrad.biz

5 Fa. Schletter Solar-Montagetechnik GmbH
www.solar.schletter.de

6 Fa. Kaco Gerätetechnik GmbH
www.kaco-geraetetechnik.de

7 Fa. Würth Solar GmbH & Co. KG
www.wuerth-solar.de

8 Fa. Alwitra GmbH & Co.
www.alwitra.de

6.6 Nützliche Adressen

Conrad Elekronik
www.conrad.biz
Alle Komponenten und Software
Vertrieb

SMA Technologie AG
D-34266 Niestetal
www.SMA.de
Wechselrichter und Zubehör
Simulationsprogramme
Hersteller-Vertrieb, Service

Fronius International GmbH
A-7600 Wels-Thalheim
www.fronius.com
Wechselrichter und Zubehör
Simulationsprogramme
Hersteller-Vertrieb, Service

Kaco Gerätetechnik GmbH
D-74235 Erlenbach
www.kaco-geraetetechnik.de
Wechselrichter und Zubehör
Simulationsprogramme
Hersteller-Vertrieb, Service

Fa. Würth Solar GmbH & Co. KG
D-74523 Schwäbisch Hall
www.wuerth-solar.de
CIS Module, komplette
PV-Anlagen und Zubehör
Hersteller-Vertrieb, Service

Solar Fabrik Group
D-79111 Freiburg
www.solar-fabrik.com
Solartechnische Produkte
Hersteller-Vertrieb

Solarwatt AG
D-01109 Dresden
www.solarwatt.de
Solarmodule Mono- und
Polykristallin
Hersteller-Vertrieb

Solara AG
D-22765 Hamburg
www.solara.de
Solarmodule Mono- und
Polykristallin
Windgeneratortechnologie
Hersteller-Vertrieb

Schletter Solar-Montagetechnik
GmbH
http://solar.schletter.de
Untergestelle, Dachhaken für alle
Anwendungen, Simulationspro-
gramme für statische Berechnun-
gen
Hersteller-Vertrieb
Zahlreiche Profi-Konstruktions-
programme

Fa. Sonnenkraft GmbH
D-93049 Regensburg
A-9300 St. Veit/Glan
I-37135 Verona
www.sonnenkraft.com
Solarsysteme, Photovoltaik
Hersteller-Vertrieb

Alwitra GmbH & Co.
D-54229 Trier
www.alwitra.de
Dichtungsbahnen und Solar-
dichtungsbahnen und Zubehör
Hersteller-Vertrieb

Paradigma, 76307 Karsbad
www.paradigma.de
Solarsysteme, Energie- und
Umwelttechnik
Hersteller-Vertrieb

DGS
www.dgs.de
Webseite der Deutschen Gesell-
schaft für Sonnenenergie
Verein, Beratung, Hilfe

Solarserver
www.solarserver.de
Internetportal zur Sonnenenergie
Austausch

Institut für Solartechnik SPF
CH-8640 Rapperswil
www.polysun.ch
Simulationsprogramme
Vertrieb von Profiprogrammen und
Testversionen

Eurosolar
D-53113 Bonn
www.eurosolar.org
Europäische Vereinigung für
erneuerbare Energien
Informationen

Register